计算机网络经典教材系列

计算机网络实验教程

——基于Packet Tracer

张 举 耿海军 编著

电子工业出版社
Publishing House of Electronics Industry
北京·BEIJING

内 容 简 介

计算机网络是高等院校计算机及通信相关专业的重要课程之一，但在学习过程中，学生普遍感觉较抽象、难以理解，主要原因是理论不能和实践很好结合，缺少实践方面的训练。

本书从组网的角度设计实验，在内容上以谢希仁教授编著的《计算机网络》（第 8 版）为依托，按照计算机网络的五层体系结构顺序，由下到上安排实验，并与教材中的相关理论相互印证，以期让读者能够更好地理解计算机网络的原理，并获得一定的组网能力，为进一步的学习打下坚实的基础。

本书共 27 个实验项目，建议教学课时为 38 学时。

本书可作为与谢希仁教授编著的《计算机网络》（第 8 版）配套的实验用书，同时也适合作为其他高校计算机网络课程的实验用书。

图书在版编目（CIP）数据

计算机网络实验教程：基于 Packet Tracer / 张举，耿海军编著. —北京：电子工业出版社，2021.6
ISBN 978-7-121-41483-1

Ⅰ. ①计… Ⅱ. ①张… ②耿… Ⅲ. ①计算机网络－高等学校－教材 Ⅳ. ①TP393-33

中国版本图书馆 CIP 数据核字（2021）第 125411 号

责任编辑：郝志恒
文字编辑：刘御廷
印　　刷：三河市鑫金马印装有限公司
装　　订：三河市鑫金马印装有限公司
出版发行：电子工业出版社
　　　　　北京市海淀区万寿路 173 信箱　　　　邮编：100036
开　　本：787×1092　1/16　　印张：10.5　　字数：268.8 千字
版　　次：2021 年 6 月第 1 版
印　　次：2024 年 12 月第 8 次印刷
定　　价：39.00 元

凡所购买电子工业出版社图书有缺损问题，请向购买书店调换。若书店售缺，请与本社发行部联系，联系及邮购电话：（010）88254888，88258888。

质量投诉请发邮件至 zlts@phei.com.cn，盗版侵权举报请发邮件至 dbqq@phei.com.cn。

本书咨询联系方式：QQ 9616328。

前　言

计算机网络是高等院校计算机及通信相关专业的重要课程之一，但在学习过程中，学生普遍感觉较抽象、难以理解，主要原因是理论不能和实践很好的结合，缺少实践方面的训练。

本书共 27 个实验项目，建议教学课时为 38 学时。其中：第 2 章由吴勇编写；第 3 章由耿海军编写；第 6 章的实验 1 由尹少平编写，实验 2 由吴勇编写，实验 3 由王玲编写，实验 4 由张志斌编写；其余实验由张举编写。

本书的特点如下：

（1）本书是谢希仁教授编著的《计算机网络》（第 8 版）教材的配套实验教材，在实验设计及内容上与其紧密结合（本书没有涉及教材第 7 章及以后的内容）。同时，本书也适合作为其他高校计算机网络课程的实验用书。

（2）实验中包含理论基础知识、常用配置命令及实验步骤等。

（3）实验内容按照五层体系结构划分，从下到上设计，以期和理论教学过程紧密贴合，但实际上很难完全在知识结构上区别开，在教学过程中可灵活把控。

（4）实验从组网的角度出发，通过查看协议信息和分组结构，并结合分组的运行轨迹来进一步帮助学生理解网络中的协议，使理论不再枯燥，增加学生的学习兴趣。

本书实验使用网络模拟器 Packet Tracer 7.2 完成，也可以在装备有思科设备的实验室完成。Packet Tracer 是一款灵活方便、耗费计算机资源较少的软件，比较适合用来教学。

本书是教学团队教学经验的总结，感谢教学团队成员的支持和帮助，感谢贾新春、武俊生教授给出很多重要参考意见。这里要特别感谢电子工业出版社的郝志恒、牛晓丽两位编辑，在两位编辑的大力鼓励和支持下，才促成了此书的出版。

由于编者水平有限，书中难免有疏漏及不足之处，恳请广大读者和专家提出宝贵意见，请发邮件至 445387453@qq.com。

编者

2021 年 2 月

目　　录

第1章 概述

1.1 网络的体系结构

1.1.1 概述

计算机网络是由多种计算机和各类终端通过通信线路连接起来的复杂系统。在这个系统中，计算机型号不一、终端类型各异，加之线路类型、连接方式、同步方式、通信方式不同，给网络中各节点间的通信带来许多不便。在不同计算机系统之间，真正以协同方式进行通信是十分复杂的，为了设计这样复杂的计算机网络，早在最初设计 ARPANET 时即提出了分层的方法。用分层来实现网络的结构化设计，每层设计相应的协议，实现对应的功能。这样的"分层"可将庞大而复杂的问题，转化为若干较小的局部问题，而这些较小的局部问题总是比较易于研究和处理的。

计算机网络各层及其协议的集合，称为网络的体系结构。划分不同的层次，或层次中实现不同的功能，也就意味着不同的体系结构。

采用这种分层结构可以带来很多好处：

（1）各层之间是独立的。某一层并不需要知道它的下一层是如何实现的，而仅仅需要知道层间接口（界面）所提供的服务。由于每一层只实现一种相对独立的功能，因而可将一个难以处理的复杂问题分解为若干个较容易处理的更小一些的问题。这样，整个问题的复杂程度就降低了。

（2）灵活性好。当任何一层发生变化时（如技术的变化），只要层间接口关系保持不变，则这层以上或以下各层均不受影响。

（3）结构上可分隔开。各层都可以采用最合适的技术来实现。

（4）易于实现和维护。这种结构使得实现和调试一个庞大而又复杂的系统变得容易，因为整个系统已被分解为若干个相对独立的子系统。

（5）能促进标准化工作，因为每一层的功能及其所提供的服务都已有精确的说明。

1.1.2 协议

网络协议简称协议，是为计算机网络中的数据交换建立的规则、标准或约定的集合。为了完成各层所规定的功能，每一层都要设计若干协议。协议是水平的，其所涉及的实体是通信双方的对等实体，双方共同遵守协议，在协议的约定下进行通信，完成协议约定的任务。相反，在自己的计算机上进行一个不需要和网络上其他主机进行通信的操作，尽管也有各种规定，但这些规定不能称为网络协议。

网络协议由以下三个要素组成。

（1）语法：即数据与控制信息的结构或格式。

（2）语义：即需要发出何种控制信息，完成何种动作和做出何种响应。

（3）同步：即事件实现顺序的详细说明。

对协议的描述通常有两种形式，一种是用便于阅读和理解的文字来描述，另一种是用程序代码来描述，但不管用哪种形式，都需要对协议做出精确的解释。

1.1.3 五层协议的体系结构

为了促进计算机网络的发展，国际标准化组织 ISO 于 1977 年成立了一个委员会，提出了不基于具体机型、操作系统或公司的网络体系结构，即 OSI 参考模型（OSI/RM），其全称为开放系统互连参考模型（Open System Interconnection Reference Model，OSI/RM）。

OSI 参考模型是一个七层的体系结构，其由低到高分别是物理层（Physical Layer）、数据链路层（Data Link Layer）、网络层（Network Layer）、运输层（Transport Layer）、会话层（Session Layer）、表示层（Presentation Layer）和应用层（Application Layer）。第一层到第三层属于 OSI 参考模型的低三层，负责创建网络通信连接的链路；第四层到第七层为 OSI 参考模型的高四层，具体负责端到端的数据通信。

OSI 参考模型是网络技术的基础，尽管概念清楚，理论也较完整，但由于使用起来太复杂等种种原因，并没有得到市场的认可。真正占领市场并得到广泛应用的是 TCP/IP 体系结构，这是一种四层的结构，上面三层依次为应用层、运输层、网际层，最下面的网络接口层并没有具体的内容，虽然这在当时的环境下非常快速地适应了市场的需求，将一些异构的网络都包容了进来，但缺少对物理层和数据链路层内容的约定。谢希仁教授编著的《计算机网络》按照五层体系结构来阐述计算机网络的体系结构，更加清晰、简洁。三种体系结构的层次划分及对应关系如图 1-1 所示。

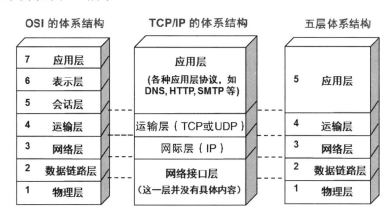

图 1-1　三种体系结构对照图

下面以五层体系结构为例，对计算机网络各层所要实现的功能进行简要解释。

1. 物理层

物理层传输数据的单位是比特，其主要关心的是在连接各种计算机的传输媒体上如何传输比特流。为了达到这个目的，物理层为建立、维护和拆除物理链路提供所需要的机械的、电气的、功能的和规程的特性。比如，用多大的电压代表"1"或"0"；当发送端发出比特

"1"时，在接收端如何识别出这是比特"1"而不是比特"0"；规定连接电缆的材质、引线的数目及电缆接头的几何尺寸、锁紧装置等物理性内容。

需要注意的是，具体的连接媒介，如传输介质等，并非物理层的内容。

物理层常见设备有中继器、集线器和网线等。

2. 数据链路层

数据链路层主要解决利用物理地址通信的问题，传输数据的单位是帧，帧的格式中包括的信息有：地址信息部分、控制信息部分、数据部分和校验信息部分等。为了完成这一任务，数据链路层需要解决以下三个基本问题。

1）封装成帧

发送方的数据链路层需要将上层传递下来的协议数据单元封装成帧，再将其传递给下面的物理层，而物理层则将其作为比特流传输出去。接收方的物理层收到比特流后，将其交给上面的数据链路层，而数据链路层会按照与发送方对等的协议将其划分为一个个的帧，再将数据部分交给上面的协议。

2）透明传输

透明传输用来解决帧里面的数据部分因含有与帧定界符相同的内容而被误认为是帧定界符的问题，因为这会导致一个帧被非正常地结束，产生无效帧。链路层协议会采用一些方法破坏掉其中与帧定界符相同的内容，这就是透明传输的含义，透明在这里的意思就是看不见。

3）差错检测

在物理层传输比特时，由于信号质量的问题，可能会导致比特在接收方出现误码现象。因此，数据链路层设计了差错检测的功能，以防止出现差错的帧继续在网络中占用资源，检测出差错的帧将被接收方丢弃。

数据链路层常见设备有网卡、网桥和交换机等。

3. 网络层

网络层传送的数据单位是 IP 数据报，也称 IP 分组或分组、包。

网络层最主要的功能就是路由选择功能。在计算机网络中进行通信的两台计算机之间可能要经过许多节点和链路，还可能要经过好几个路由器所连接的通信子网。网络层的任务就是选择路由，使发送站的运输层所传下来的报文能够按照目的 IP 地址找到目的站，并交付给目的站的运输层。

网络层常见设备有路由器、防火墙、多层交换机等。

4. 运输层

网络层找到对方的 IP 接口，运输层则要进一步找到对方的应用进程。运输层通信的两端是指操作系统中的应用进程，因为真正的通信是操作系统中应用进程之间的通信。

运输层提供了两个主要的协议，即 TCP（传输控制协议）和 UDP（用户数据报协议），TCP

用来提供面向连接的、可靠的服务，数据传输单位是报文段；而 UDP 提供无连接的、尽最大努力的传输服务，其传输单位为用户数据报。两种协议为上面的应用层提供了不同的传输服务。

5. 应用层

应用层是网络体系结构的最高层，是直接为应用进程提供服务的。常见应用层协议有虚拟终端协议（Telnet）、文件传输协议（FTP）、简单邮件传送协议（SMTP）、超文本传输协议（HTTP）和域名系统（DNS）等。许多应用程序调用了应用层协议的服务。当然，应用层为完成功能，也会向下面的运输层请求服务。

1.2 常用网络命令简介

本节以 Windows 系统下的命令为例进行说明。

1.2.1 ping 命令

1. 功能

ping 命令是最常用的命令，特别是在组网中。ping 命令基于 ICMP 协议，在源站点执行，向目的站点发送 ICMP 回送请求报文，目的站点在收到报文后向源站点返回 ICMP 回送回答报文，源站点把返回的结果信息显示出来。

该命令用来测试站点之间是否可达，若可达，则可进一步判断双方的通信质量，包括稳定性等。

需要注意的是，有些主机为了防止通过 ping 探测，通过防火墙设置禁止 ping 或者在参数中设置禁止 ping，这样就不能通过 ping 确定该主机是否处于开启状态或者其他情况。

有关 ICMP 的详细解释参考《计算机网络》（第 8 版）教材 4.4.2 节。

2. 命令格式

Windows 系统用户可单击"开始"→"运行"选项，并键入 cmd，打开命令行程序。在命令提示符后，按如下格式输入：

```
ping    [-t] [-a] [-n count] [-l size] [-f] [-i TTL] [-v TOS][-r count]
        [-s count][[-j host-list] |[-k host-list]][-w timeout][-R][-S srcaddr]
        [-4] [-6] 目标主机
```

其中，目标主机可以是 IP 地址或者域名。

3. 命令参数

命令参数及其含义如下所示：

> ➤ -t   ping 指定的主机，直到停止。若要查看统计信息并继续 ping 操作，请按

　　"Ctrl+Break"组合键；若要停止 ping，请按"Ctrl+C"组合键。

➢　　-a　　　　　　　将地址解析成主机名。
➢　　-n count　　　　要发送的回显请求数。
➢　　-l size　　　　　发送缓冲区大小。
➢　　-f　　　　　　　在数据包中设置"不分段"标志(仅适用于 IPv4)。
➢　　-i TTL　　　　　生存时间。
➢　　-v TOS　　　　服务类型(仅适用于 IPv4。不推荐使用该参数，对 IP 标头中的服务字段
　　类型没有任何影响)。
➢　　-r count　　　　记录计数跃点的路由(仅适用于 IPv4)。
➢　　-s count　　　　计数跃点的时间戳(仅适用于 IPv4)。
➢　　-j host-list　　与主机列表一起的松散源路由(仅适用于 IPv4)。
➢　　-k host-list　　与主机列表一起的严格源路由(仅适用于 IPv4)。
➢　　-w timeout　　　等待每次回复的超时时间(毫秒)。
➢　　-R　　　　　　　同样使用路由标头测试反向路由(仅适用于 IPv6)。
➢　　-S srcaddr　　　要使用的源地址。
➢　　-4　　　　　　　强制使用 IPv4。
➢　　-6　　　　　　　强制使用 IPv6。

4. 常见用法实验

1）ping www.163.com

在 Windows 中，ping 命令发送 4 个 ICMP 回送请求，每个 32 字节，正常会收到 4 个响应。比如，下面是 ping 网易的命令。

```
C:\Users\zj>ping www.163.com
正在 ping z163ipv6.v.bsgslb.cn [60.222.11.28] 具有 32 字节的数据：
来自 60.222.11.28 的回复：字节=32 时间=13ms TTL=58
来自 60.222.11.28 的回复：字节=32 时间=14ms TTL=58
来自 60.222.11.28 的回复：字节=32 时间=15ms TTL=58
来自 60.222.11.28 的回复：字节=32 时间=13ms TTL=58
60.222.11.28 的 ping 统计信息：
    数据包：已发送 = 4，已接收 = 4，丢失 = 0 (0% 丢失)，
往返行程的估计时间(以毫秒为单位)：
    最短 = 13ms，最长 = 15ms，平均 = 13ms
```

可以看到，ping 命令没有带任何参数，返回 4 个响应。每个响应中，TTL 值指明该 IP分组可以经过的最大路由器数量。由统计信息可以看出：发送 4 个请求，收到 4 个响应，丢失率为 0%；最长、最短及平均往返时延，时延越短，说明连通越好。根据这些信息可初步判断本机和目标主机的连通状态。

可经常通过 ping 127.0.0.1 来检测本地主机是否正确地安装和配置了 TCP/IP。

2）ping -n 20 www.163.com

通过这个命令可以自己定义发送的回送请求个数，对衡量网络速度很有帮助。比如，该命令可以测试发送 20 个数据包的情况，通过查看返回的平均时间、最长时间、最短时间来衡量网络连通状态。

3）ping -t www.163.com

该命令会一直进行下去，直到按"Ctrl+C"组合键停止。若要查看统计信息并继续 ping 操作，可以按"Ctrl+Break"组合键。

4）ping -l 5600 -n 2 www.163.com

在默认的情况下，Windows 中 ping 发送的数据包大小为 32 字节，该命令设置回送请求个数为 2，数据包的大小为 5600 字节，但需要注意该值最大为 65500 字节。

```
C:\Users\zj>ping -l 5600 -n 2 www.163.com
正在 ping z163ipv6.v.bsgslb.cn [60.222.11.25] 具有 5600 字节的数据:
来自 60.222.11.25 的回复: 字节=5600 时间=28ms TTL=58
来自 60.222.11.25 的回复: 字节=5600 时间=23ms TTL=58
60.222.11.25 的 ping 统计信息:
    数据包: 已发送 = 2, 已接收 = 2, 丢失 = 0 (0% 丢失),
往返行程的估计时间(以毫秒为单位):
    最短 = 23ms, 最长 = 28ms, 平均 = 25ms
```

5）ping -i 3 www.163.com

该命令设置 ICMP 请求报文中的 TTL 值为 3，这个值在每经过一个路由器时会被减 1，当被减小到 1 时，路由器会将该分组丢弃，造成超时。所以，当 TTL 值太小时，可能会出现本来网络是通的，但由于 TTL 值耗尽而导致的超时现象，对此要合理判断。以下为命令运行情况。

```
C:\Users\zj>ping -i 3 www.163.com
正在 ping z163ipv6.v.bsgslb.cn [60.222.11.21] 具有 32 字节的数据:
来自 218.26.125.125 的回复: TTL 传输中过期
来自 218.26.125.125 的回复: TTL 传输中过期
来自 218.26.125.125 的回复: TTL 传输中过期
来自 218.26.125.125 的回复: TTL 传输中过期
60.222.11.21 的 ping 统计信息:
    数据包: 已发送 = 4, 已接收 = 4, 丢失 = 0 (0% 丢失),
```

可见，该请求并未到达目的主机，显然，这并非是网络不通，而是 TTL 值被耗尽了。

6）ping -n 1 -r 7 www.163.com

该命令设置发送 1 个请求分组，最多记录 7 个路由节点。其中，路由节点的数量最大设置为 9，若需要查看更多路由节点，可使用 tracert 命令（后面会介绍）。

```
C:\Users\zj>ping -n 1 -r 7 www.163.com
正在 ping z163ipv6.v.bsgslb.cn [60.222.11.29] 具有 32 字节的数据:
来自 60.222.11.29 的回复: 字节=32 时间=165ms TTL=58
    路由:  118.81.238.68 ->
          218.26.122.106 ->
          218.26.125.5 ->
          60.222.6.189 ->
          60.222.10.25 ->
          60.222.11.1 ->
          60.222.11.29
60.222.11.29 的 ping 统计信息:
    数据包: 已发送 = 1, 已接收 = 1, 丢失 = 0 (0% 丢失),
    往返行程的估计时间(以毫秒为单位):
    最短 = 165ms, 最长 = 165ms, 平均 = 165ms
```

如果多运行几次该命令，可以发现其经过的路由节点不是完全一样的，这是因为每个 IP 分组都是独立路由的结果。

1.2.2　ipconfig 命令

1. 功能

该命令用于显示、更新和释放网络地址设置，包括 IP 地址、子网掩码、网关地址和 DNS 服务器设置等。

2. 命令格式

命令格式如下所示：

```
ipconfig [/allcompartments] [/? | /all |
                            /renew [adapter] | /release [adapter] |
                            /renew6 [adapter] | /release6 [adapter] |
                            /flushdns | /displaydns | /registerdns |
                            /showclassid adapter |
                            /setclassid adapter [classid] |
                            /showclassid6 adapter |
                            /setclassid6 adapter [classid] ]
```

其中，adapter 为连接名称，允许使用通配符*和?。

3. 命令参数

命令参数及其含义如下所示：

> ➤ /?　　　　　　　　　　　　　　　显示帮助消息。

➢	/all	显示完整配置信息。
➢	/release	释放指定适配器的 IPv4 地址。
➢	/release6	释放指定适配器的 IPv6 地址。
➢	/renew	更新指定适配器的 IPv4 地址。
➢	/renew6	更新指定适配器的 IPv6 地址。
➢	/flushdns	清除 DNS 解析程序缓存。
➢	/registerdns	刷新所有 DHCP 租约并重新注册 DNS 名称。
➢	/displaydns	显示 DNS 解析程序缓存的内容。
➢	/showclassid	显示适配器允许的所有 IPv4 DHCP 类 ID。
➢	/setclassid	修改 IPv4 DHCP 类 ID。
➢	/showclassid6	显示适配器允许的所有 IPv6 DHCP 类 ID。
➢	/setclassid6	修改 IPv6 DHCP 类 ID。

4. 常见用法实验

1）ipconfig

默认情况下，仅显示绑定到 TCP/IP 适配器的 IP 地址、子网掩码和默认网关。

```
C:\Users\zj>ipconfig
无线局域网适配器 无线网络连接:
    连接特定的 DNS 后缀 . . . . . . . . :
    本地链接 IPv6 地址 . . . . . . . . : fe80::cf5:4314:2bb0:3b29%15
    IPv4 地址 . . . . . . . . . . . . : 192.168.1.7
    子网掩码 . . . . . . . . . . . . : 255.255.255.0
    默认网关 . . . . . . . . . . . . : 192.168.1.1
```

2）ipconfig /all

显示接口网络详细信息（以无线网卡接口为例）。

```
C:\Users\zj>ipconfig /all
无线局域网适配器 无线网络连接:
    连接特定的 DNS 后缀 . . . . . . . :
    描述 . . . . . . . . . . . . . . : Intel(R) WiFi Link 1000 BGN
    物理地址 . . . . . . . . . . . . : 74-E5-0B-57-6D-84
    DHCP 已启用 . . . . . . . . . . : 是
    自动配置已启用 . . . . . . . . . : 是
    本地链接 IPv6 地址 . . . . . . . : fe80::cf5:4314:2bb0:3b29%15(首选)
    IPv4 地址 . . . . . . . . . . . . : 192.168.1.7(首选)
    子网掩码 . . . . . . . . . . . . : 255.255.255.0
    获得租约的时间 . . . . . . . . . : 2020 年 1 月 2 日 20:28:23
```

```
    租约过期的时间 . . . . . . . .  : 2020 年 1 月 7 日 15:16:46
    默认网关. . . . . . . . . . . .  : 192.168.1.1
    DHCP 服务器 . . . . . . . . . .  : 192.168.1.1
    DHCPv6 IAID . . . . . . . . . .  : 376759563
    DHCPv6 客户端 DUID . . . . .  : 00-01-00-01-18-C8-61-C9-F0-DE-F1-E7-7F-2F
    DNS 服务器 . . . . . . . . . .  : fe80::1%15
                                      192.168.1.1
    TCPIP 上的 NetBIOS . . . . .  : 已启用
```

3）ipconfig /release

释放所有适配器的 IP 地址。

```
C:\Users\zj>ipconfig /release
Windows IP 配置
不能在无线网络连接 2 上执行任何操作，它已断开媒体连接。
以太网适配器 本地连接 2:
    媒体状态 . . . . . . . . . . .  : 媒体已断开
    连接特定的 DNS 后缀 . . . . .  :
无线局域网适配器 无线网络连接 2:
    媒体状态 . . . . . . . . . . .  : 媒体已断开
    连接特定的 DNS 后缀 . . . . .  :
无线局域网适配器 无线网络连接:
    连接特定的 DNS 后缀 . . . . .  :
    本地链接 IPv6 地址. . . . . . .  : fe80::cf5:4314:2bb0:3b29%15
    默认网关 . . . . . . . . . . .  :
```

4）ipconfig /renew

更新所有适配器，重新获得 IP 地址。

```
C:\Users\zj>ipconfig /renew
Windows IP 配置
不能在本地连接 2 上执行任何操作，它已断开媒体连接。
不能在无线网络连接 2 上执行任何操作，它已断开媒体连接。
以太网适配器 本地连接 2:
    媒体状态 . . . . . . . . . . .  : 媒体已断开
    连接特定的 DNS 后缀 . . . . . .  :
无线局域网适配器 无线网络连接 2:
    媒体状态 . . . . . . . . . . .  : 媒体已断开
    连接特定的 DNS 后缀 . . . . . .  :
无线局域网适配器 无线网络连接:
```

```
连接特定的 DNS 后缀 . . . . . . . :
本地链接 IPv6 地址. . . . . . . . : fe80::cf5:4314:2bb0:3b29%15
IPv4 地址 . . . . . . . . . . . . : 192.168.1.7
子网掩码 . . . . . . . . . . . . : 255.255.255.0
默认网关. . . . . . . . . . . . . : 192.168.1.1
```

5）ipconfig /flushdns

清空本机 DNS 缓存。

```
C:\Users\zj>ipconfig /flushdns
Windows IP 配置
已成功刷新 DNS 解析缓存。
```

6）ipconfig /allcompartments /all

显示有关所有接口的详细信息。

另外，对于 release 和 renew，这两个参数只能在向 DHCP 租用 IP 地址的计算机上起作用。release 将所有租用 IP 地址归还给 DHCP，而 renew 则重新租用 DHCP 分配的 IP 地址。当然，如果未指定适配器名称，则会释放或更新所有绑定到 TCP/IP 适配器的 IP 地址租约。

1.2.3 netstat 命令

1. 功能

netstat 是 Windows 系统提供的用于查看与 TCP、IP、UDP 和 ICMP 协议相关统计数据的网络工具，能检验本机各端口的网络连接情况。

2. 命令格式

命令格式如下所示：

```
NETSTAT [-a] [-b] [-e] [-f] [-n] [-o] [-p proto] [-r] [-s] [-t] [interval]
```

3. 命令参数

命令参数及其含义如下所示：

➢	-a	显示所有连接和侦听端口。
➢	-b	显示在创建每个连接或侦听端口时所涉及的可执行程序。在某些情况下，已知可执行程序承载多个独立的组件显示创建连接或侦听端口时所涉及的组件序列。在此情况下，可执行程序的名称位于底部[]中，它调用的组件位于顶部，直至达到 TCP/IP。 注意，运行此参数很耗时，并且当你没有足够权限时不能使用。
➢	-e	显示以太网统计。此选项可以与 -s 选项结合使用。

➤	-f	显示外部地址的完全限定域名(FQDN)。
➤	-n	以数字形式显示地址和端口号。
➤	-o	显示拥有的与每个连接关联的进程 ID。
➤	-p proto	显示 proto 指定的协议的连接;proto 可以是下列任何一个:TCP、UDP、TCPv6 或 UDPv6。
➤	-r	显示路由表。
➤	-s	显示每个协议的统计数据。
➤	-p	用于指定默认的子网。
➤	-t	显示当前连接卸载状态。
➤	interval	重新显示选定的统计数据、各个显示间暂停的间隔秒数。按"Ctrl+C"组合键停止重新显示统计数据。如果省略,则 netstat 将打印当前的配置信息一次。

4. 常见用法实验

1)netstat -a

该命令显示所有连接和监听端口。

下面是命令执行后的部分内容。其中,协议指连接所用的协议;本地地址指本机地址及端口;外部地址指远端主机地址及端口,端口也用协议代替;状态指协议所处的状态。

```
C:\Users\zj>netstat -a
活动连接

协议      本地地址               外部地址                     状态
TCP      192.168.1.7:51664     123.125.52.61:http          TIME_WAIT
TCP      192.168.1.7:51666     45:https                    CLOSE_WAIT
TCP      192.168.1.7:51667     45:https                    CLOSE_WAIT
TCP      192.168.1.7:51670     203.208.43.100:https        ESTABLISHED
TCP      192.168.1.7:51671     230:http                    ESTABLISHED
TCP      192.168.1.7:51672     220.181.38.156:http         ESTABLISHED
TCP      192.168.1.7:51673     230:http                    ESTABLISHED
TCP      192.168.1.7:51674     tsa01s07-in-f10:https       SYN_SENT
TCP      192.168.1.7:51675     tsa01s09-in-f14:https       SYN_SENT
TCP      192.168.1.7:51676     39.96.128.53:http           ESTABLISHED
TCP      192.168.1.7:51677     119.188.96.39:http          ESTABLISHED
TCP      192.168.1.7:51678     221.7.140.182:http          LAST_ACK
UDP      [fe80::cf5:4314:2bb0:3b29%15]:1900   *:*
UDP      [fe80::cf5:4314:2bb0:3b29%15]:2177   *:*
UDP      [fe80::cf5:4314:2bb0:3b29%15]:50506  *:*
```

如果系统正在运行 P2P 类型的应用,比如,一些下载类的软件,那么这些应用会不断地与外部地址建立 TCP 连接，从而获取下载资源。这种情况下，在本命令执行后就会发现大量本地端口正在与外部建立 TCP 连接，请读者自行测试。

关于 TCP、UDP 及端口的内容请查阅教材相关内容。

2）netstat -n

本选项用于以数字形式显示地址和端口号，比如，-a 参数中的主机名在这里会被显示成 IP 地址。

在测试命令前，也可以先访问一些 Web 站点，紧接着运行本命令，观察其中的活动连接。运行本命令后显示的部分结果如下：

```
C:\Users\zj>netstat -n

活动连接

协议    本地地址              外部地址                状态
TCP    192.168.1.7:50804     203.119.129.47:443      ESTABLISHED
TCP    192.168.1.7:50805     42.236.37.156:80        ESTABLISHED
TCP    192.168.1.7:50806     42.236.38.71:80         ESTABLISHED
TCP    192.168.1.7:50828     42.236.37.155:80        ESTABLISHED
TCP    192.168.1.7:50835     223.167.166.52:80       ESTABLISHED
TCP    192.168.1.7:51432     60.222.11.25:443        ESTABLISHED
TCP    192.168.1.7:51540     111.206.63.21:80        TIME_WAIT
TCP    192.168.1.7:51541     218.26.34.45:443        CLOSE_WAIT
TCP    192.168.1.7:51542     218.26.34.45:443        CLOSE_WAIT
TCP    192.168.1.7:51552     211.144.24.78:443       TIME_WAIT
TCP    192.168.1.7:51560     221.204.23.3:443        TIME_WAIT
TCP    192.168.1.7:51561     120.52.30.45:443        ESTABLISHED
TCP    192.168.1.7:51562     221.204.13.129:443      ESTABLISHED
TCP    192.168.1.7:51564     211.144.24.235:443      ESTABLISHED
```

3）netstat -e

本选项用于显示关于以太网的统计数据。它列出的项目包括传送的数据报的总字节数、错误数、删除数，以及数据报的数量和广播的数量。这些统计数据既有发送的数据报数量，也有接收的数据报数量。

这个参数选项可以用来统计一些基本的网络流量。

```
C:\Users\zj>netstat -e

接口统计

                    接收的              发送的
字节                268634844          51183852
单播数据包           394434             344040
```

非单播数据包	5460	18561
丢弃	0	0
错误	0	0
未知协议	0	

4）netstat -s

本选项能够按照各个协议分别显示其统计数据，在默认情况下，显示 IP、IPv6、ICMP、ICMPv6、TCP、TCPv6、UDP 和 UDPv6 的统计数据。如果应用程序（如 Web 浏览器）运行速度比较慢，或者不能显示 Web 页之类的数据，那么就可以用本选项来查看一下所显示的信息，仔细查看统计数据的各行，找到出错的关键字，进而确定问题所在。

下面是运行本命令后显示的部分结果。

```
C:\Users\zj>netstat -s
IPv4 统计信息

  接收的数据包              = 64377
  接收的标头错误            = 39
  接收的地址错误            = 0
  转发的数据报              = 0
  接收的未知协议            = 0
  丢弃的接收数据包          = 2460
  传送的接收数据包          = 67616
  输出请求                  = 76260
  路由丢弃                  = 0
  丢弃的输出数据包          = 141
  输出数据包无路由          = 16
  需要重新组合              = 3
  重新组合成功              = 1
  重新组合失败              = 0
  数据报分段成功            = 0
  数据报分段失败            = 0
  分段已创建                = 0
IPv4 的 TCP 统计信息

  主动开放                  = 2955
  被动开放                  = 14
  失败的连接尝试            = 414
  重置连接                  = 274
  当前连接                  = 10
  接收的分段                = 76398
  发送的分段                = 56839
```

```
  重新传输的分段                    = 11459
IPv4 的 UDP 统计信息
  接收的数据报                      = 4468
  无端口                           = 2452
  接收错误                         = 0
  发送的数据报                      = 7720
IPv6 的 UDP 统计信息
  接收的数据报                      = 1274
  无端口                           = 1221
  接收错误                         = 0
  发送的数据报                      = 2871
```

5）netstat -r

本选项可以显示关于路由表的信息，除了显示有效路由，还显示当前有效的连接。下面是部分运行结果，路由知识请参考《计算机网络》（第 8 版）教材相关部分。

```
C:\Users\zj>netstat -r
===========================================================================
接口列表
21...00 ff d0 c2 0e 4d ......  Sangfor SSL VPN CS Support System VNIC
17...74 e5 0b 57 6d 85 ......  Microsoft Virtual WiFi Miniport Adapter #2
16...74 e5 0b 57 6d 85 ......  Microsoft Virtual WiFi Miniport Adapter
15...74 e5 0b 57 6d 84 ......  Intel(R) WiFi Link 1000 BGN
22...00 00 00 00 00 00 00 e0  Microsoft ISATAP Adapter #2
24...00 00 00 00 00 00 00 e0  Microsoft ISATAP Adapter #3
===========================================================================
IPv4 路由表
===========================================================================
活动路由:
网络目标          网络掩码              网关            接口              跃点数
0.0.0.0          0.0.0.0            192.168.1.1   192.168.1.7    25
127.0.0.0        255.0.0.0          在链路上        127.0.0.1      306
127.0.0.1        255.255.255.255    在链路上        127.0.0.1      306
127.255.255.255  255.255.255.255    在链路上        127.0.0.1      306
192.168.1.0      255.255.255.0      在链路上        192.168.1.7    281
192.168.1.7      255.255.255.255    在链路上        192.168.1.7    281
192.168.1.255    255.255.255.255    在链路上        192.168.1.7    281
192.168.182.0    255.255.255.0      在链路上        192.168.182.1  276
224.0.0.0        240.0.0.0          在链路上        192.168.182.1  276
```

```
255.255.255.255   255.255.255.255      在链路上        127.0.0.1       306
255.255.255.255   255.255.255.255      在链路上        192.168.1.7     281
255.255.255.255   255.255.255.255      在链路上        192.168.246.1   276
255.255.255.255   255.255.255.255      在链路上        192.168.182.1   276
===================================================================
永久路由：
  网络地址            网络掩码            网关地址          跃点数
  0.0.0.0            0.0.0.0            10.50.9.254      默认
===================================================================
IPv6 路由表
===================================================================
活动路由：
  跃点数  网络目标            网关
  1      306 ::1/128        在链路上
  15     281 fe80::/64      在链路上
===================================================================
永久路由：
  无
```

6）netstat -p tcp

显示 TCP 协议的连接。-p 后面的参数也可以是下列任何一个：UDP、TCPv6 或 UDPv6。

```
C:\Users\zj>netstat -p tcp
活动连接
  协议     本地地址                   外部地址                    状态
  TCP     127.0.0.1:5357            zj-PC:53035               TIME_WAIT
  TCP     127.0.0.1:5357            zj-PC:53039               TIME_WAIT
  TCP     127.0.0.1:52498           zj-PC:54530               ESTABLISHED
  TCP     127.0.0.1:52499           zj-PC:52500               ESTABLISHED
  TCP     127.0.0.1:52500           zj-PC:52499               ESTABLISHED
  TCP     127.0.0.1:54530           zj-PC:52498               ESTABLISHED
  TCP     192.168.1.7:52501         223.167.166.52:http       ESTABLISHED
  TCP     192.168.1.7:52504         hn:http                   ESTABLISHED
  TCP     192.168.1.7:52505         hn:http                   ESTABLISHED
  TCP     192.168.1.7:52547         203.119.218.69:https      ESTABLISHED
  TCP     192.168.1.7:53024         45:https                  CLOSE_WAIT
  TCP     192.168.1.7:53034         203.208.50.167:https      ESTABLISHED
  TCP     192.168.1.7:53040         tsa01s07-in-f14:https     SYN_SENT
  TCP     192.168.1.7:53041         tsa01s07-in-f14:https     SYN_SENT
```

7）netstat -s -p tcp

该命令可显示当前 TCP 连接，并对 TCP 协议进行统计。除了 TCP 协议，还可以是下列任何一个：IP、IPv6、ICMP、ICMPv6、TCPv6、UDP 或 UDPv6。

下面是命令运行结果的部分内容。

```
C:\Users\zj>netstat -s -p tcp
IPv4 的 TCP 统计信息

  主动开放              = 3893
  被动开放              = 221
  失败的连接尝试        = 791
  重置连接              = 327
  当前连接              = 9
  接收的分段            = 105146
  发送的分段            = 77375
  重新传输的分段        = 20766
活动连接

  协议    本地地址                    外部地址                    状态
  TCP     192.168.1.7:52547          203.119.218.69:https        ESTABLISHED
  TCP     192.168.1.7:53049          45:https                    CLOSE_WAIT
  TCP     192.168.1.7:53057          106.11.250.27:https         TIME_WAIT
  TCP     192.168.1.7:53062          tsa01s08-in-f46:https       SYN_SENT
  TCP     192.168.1.7:53063          tsa01s08-in-f46:https       SYN_SENT
```

1.2.4　arp 命令

1. 功能

arp 命令用来显示和修改 IP 地址与物理地址之间的映射关系，即 IP 地址到物理地址的转换表，该转换表保存在本地 arp 缓存中。

2. 命令格式

命令格式如下所示：

```
arp -s inet_addr eth_addr [if_addr]
arp -d inet_addr [if_addr]
arp -a [inet_addr] [-N if_addr] [-v]
```

3. 命令参数

命令参数及其含义如下所示：

➢　　-a　　　　　　　　　通过询问当前协议数据，显示当前 arp 项。

> ➤ -g 与-a 相同。
> ➤ -v 在详细模式下显示当前 arp 项。所有无效项和环回接口上的项都将显示。
> ➤ inet_addr 指定 Internet 地址。
> ➤ -N if_addr 显示 if_addr 指定的网络接口的 arp 项。
> ➤ -d 删除 inet_addr 指定的主机。inet_addr 可以是通配符*，以删除所有主机。
> ➤ -s 添加主机并且将 Internet 地址 inet_addr 与物理地址 eth_addr 相关联。物理地址是用连字符分隔的 6 个十六进制字节。该项是永久的。
> ➤ eth_addr 指定物理地址。
> ➤ if_addr 如果存在，此项指定地址转换表应修改的接口的 Internet 地址。如果不存在，则使用第一个适用的接口。

4. 常见用法实验

1）arp -a

显示 arp 缓存中的 IP 地址和硬件地址的对应关系。如果不止一个网络接口使用 arp，则显示每个接口的 arp 项。下面是含三个接口的 arp 命令运行结果。

```
C:\Users\zj>arp -a
接口: 192.168.1.7 ---      0xf
  Internet 地址         物理地址              类型
  192.168.1.1          90-86-9b-87-bb-00     动态
  192.168.1.4          d4-a1-48-44-f7-3b     动态
  192.168.1.255        ff-ff-ff-ff-ff-ff     静态
  224.0.0.22           01-00-5e-00-00-16     静态
  224.0.0.252          01-00-5e-00-00-fc     静态
  239.255.255.250      01-00-5e-7f-ff-fa     静态
  255.255.255.255      ff-ff-ff-ff-ff-ff     静态
接口: 192.168.182.1 ---    0x13
  Internet 地址         物理地址              类型
  192.168.182.255      ff-ff-ff-ff-ff-ff     静态
  224.0.0.22           01-00-5e-00-00-16     静态
  224.0.0.252          01-00-5e-00-00-fc     静态
  239.255.255.250      01-00-5e-7f-ff-fa     静态
接口: 192.168.246.1 ---    0x14
  Internet 地址         物理地址              类型
  192.168.246.255      ff-ff-ff-ff-ff-ff     静态
  224.0.0.22           01-00-5e-00-00-16     静态
  224.0.0.252          01-00-5e-00-00-fc     静态
  239.255.255.250      01-00-5e-7f-ff-fa     静态
```

如果只想显示某个指定 IP 的 arp 记录，则可用如下命令：

```
C:\Users\zj>arp -a 192.168.1.1
接口: 192.168.1.7 ---   0xf
    Internet 地址          物理地址              类型
    192.168.1.1           90-86-9b-87-bb-00    动态
```

如果只显示某个接口的 arp 缓存记录，则可用如下命令：

```
C:\Users\zj>arp -a -n   192.168.1.7
接口: 192.168.1.7 ---   0xf
    Internet 地址          物理地址              类型
    192.168.1.1           90-86-9b-87-bb-00    动态
    192.168.1.4           d4-a1-48-44-f7-3b    动态
    192.168.1.255         ff-ff-ff-ff-ff-ff    静态
    224.0.0.22            01-00-5e-00-00-16    静态
    224.0.0.252           01-00-5e-00-00-fc    静态
    239.255.255.250       01-00-5e-7f-ff-fa    静态
    255.255.255.255       ff-ff-ff-ff-ff-ff    静态
```

2）arp -s 167.56.85.112 00-1a-00-62-c6-08

该命令将在 arp 缓存中添加一条静态 arp 条目。运行该命令后，请查看添加效果。

3）arp -d 167.56.85.112

该命令将删除刚刚添加的 arp 条目，请自行验证。

另外，在一些 Windows 系统（如 Windows 7）中，当运行 arp 命令添加静态记录或删除某记录时，有时会被提示"请求的操作需要提升"，这需要使用管理员身份运行命令行程序。在"开始"处搜到命令行程序后，单击鼠标右键并选择"以管理员身份运行"命令即可。

1.2.5　tracert 命令

1. 功能

tracert 用于探测源节点到目的节点之间数据报经过的路径。IP 数据报的 TTL 值在每经过一个路由器的转发后减 1，当 TTL=0 时，则向源节点报告 TTL 超时。利用这个特性，可将第一个数据报的 TTL 值置为 1，内部封装无法交付的 UDP 用户数据报，这样，途经的第一个路由器将向源节点报告 TTL 超时，第二个数据报将 TTL 赋值为 2，以此类推，直到到达目的站点或 TTL 达到最大值 255，这样就可以得到沿途的路由器 IP 地址。详见《计算机网络》（第 8 版）教材 4.4.2 节。

2. 命令格式

命令格式如下所示：

```
tracert [-d] [-h maximum_hops] [-j host-list] [-w timeout][-R] [-S srcaddr]
[-4] [-6] target_name
```

3. 命令参数

命令参数及其含义如下所示：

> - -d   不将地址解析成主机名。
> - -h maximum_hops   搜索目标的最大跳点数。
> - -j host-list   与主机列表一起的松散源路由(仅适用于 IPv4)。
> - -w timeout   等待每个回复的超时时间(以毫秒为单位)。
> - -R   跟踪往返行程路径(仅适用于 IPv6)。
> - -S srcaddr   要使用的源地址(仅适用于 IPv6)。
> - -4   强制使用 IPv4。
> - -6   强制使用 IPv6。

4. 常见用法实验

1）tracert www.163.com

tracert 后面可跟域名或 IP 地址，默认的 TTL 值为 30。读者可观察如下命令执行情况。

```
C:\Users\zj>tracert www.163.com
通过最多 30 个跃点跟踪
到 z163ipv6.v.bsgslb.cn [60.222.11.27] 的路由：
  1     3 ms     3 ms     3 ms  192.168.1.1 [192.168.1.1]
  2     7 ms    11 ms     8 ms  1.20.185.183.adsl-pool.sx.cn [183.185.20.1]
  3    12 ms    31 ms    34 ms  149.124.26.218.internet.sx.cn [218.26.124.149]
  4    16 ms    16 ms    13 ms  242.5.222.60.adsl-pool.sx.cn [60.222.5.242]
  5    59 ms    67 ms    67 ms  190.6.222.60.adsl-pool.sx.cn [60.222.6.190]
  6    25 ms    19 ms    18 ms  22.10.222.60.adsl-pool.sx.cn [60.222.10.22]
  7    14 ms    14 ms    13 ms  27.11.222.60.adsl-pool.sx.cn [60.222.11.27]
跟踪完成。
```

命令结果清晰地显示了去往目的地所经过的路由，[]前面是 IP 对应的主机名。从命令执行结果可以看到，封装同一 TTL 值的数据报被发送三次。

2）tracert -h 5 60.222.11.27

该命令设置 TTL 值为 5，读者可运行该命令并观察结果。

1.2.6　route 命令

1. 功能

用来增加、删除或显示本地路由表。

2. 命令格式

命令格式如下所示:

```
ROUTE [-f] [-p] [-4|-6] command [destination][MASK netmask] [gateway] [METRIC
metric][IF inte]
```

3. 命令参数

命令参数及其含义如下所示:

> -f   清除所有网关项的路由表。如果与某个命令结合使用，在运行该命令前，应清除
>   路由表。
> -p   与 add 命令结合使用时，将路由设置为在系统引导期间保持不变。在默认情况
>   下，重启不保存路由。忽略所有其他命令，这始终会影响相应的永久路由。
>   Windows 95 不支持此选项。
> -4   强制使用 IPv4。
> -6   强制使用 IPv6。
> command   其中之一:
>   print   打印路由;
>   add   添加路由;
>   delete   删除路由;
>   change   修改现有路由。
> destination   指定主机。
> MASK   指定下一个参数为网络掩码值。
> netmask   指定此路由项的子网掩码值。如果未指定，其默认设置为 255.255.255.255。
> gateway   指定网关。
> inte   指定路由的接口号码。
> METRIC   指定跃点数，如目标的成本。

4. 常见用法实验

1）route print

该命令效果同 netstat -r 完全一致，不再介绍。

2）route add 10.0.0.0 mask 255.0.0.0 192.168.182.1 if 19

该命令将增加一条目的地址为 10.0.0.0、掩码为 255.0.0.0 的路由条目。命令运行结束后，读者使用 route print 命令查看，可以看到该条目已经被添加到本地路由表中。

3）route delete 10.0.0.0 mask 255.0.0.0

运行本命令后，刚刚添加的路由条目被删除，读者可自行查看。

需要注意的是，route 后面添加命令参数需要以管理员身份运行命令行处理程序。

当命令为 route print 或 route delete 时，目标或网关可以为通配符（通配符指定为星号"*"），否则可能会忽略网关参数。如果 Dest 包含一个"*"或"?"，则会将其视为 Shell 模式，并且只打印匹配目标路由。"*"匹配任意字符串，而"?"匹配任意一个字符。

1.3　Packet Tracer 常用功能及使用方法

1.3.1　基本界面

Packet Tracer 7.2 的主界面如图 1-2 所示。

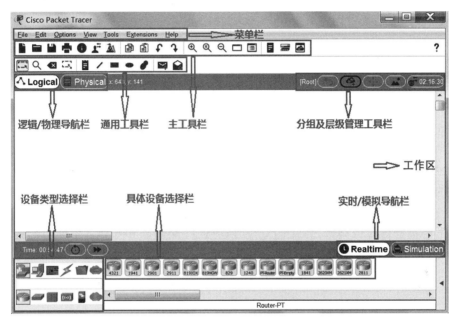

图 1-2　Packet Tracer 7.2 的主界面

图中所标示区域解释如下。

（1）菜单栏。此栏中有文件、选项和帮助选项，我们在此可以找到一些基本的命令，如打开、保存、打印和选项设置等。

（2）主工具栏。此栏提供了菜单栏中命令的快捷方式。

（3）逻辑/物理导航栏。我们可以通过此栏中的按钮完成逻辑工作区和物理工作区之间的转换。

（4）工作区。中间的空白处为工作区，在此区域中我们可以创建网络拓扑、监控模拟过程、查看各种信息和统计数据。

（5）通用工具栏。此栏提供了常用的工作区工具，包括选择、整体移动、备注、删除、查看、添加简单数据包和添加复杂数据包等。

（6）设备类型选择栏。此栏包含不同类型的设备，如路由器、交换机、Hub、无线设备、连线、终端设备和网云等。

（7）具体设备选择栏。此栏包含不同设备类型中不同型号的设备，它随着设备类型选择栏中的选择级联显示。

（8）实时/模拟导航栏。我们可以通过此栏中的按钮完成实时模式和模拟模式之间的转换。

1.3.2 选择并添加设备

在设备类型选择栏中选择上面的网络设备，下面会级联显示出各种网络设备。选择路由器，这时旁边的具体设备选择栏中会显示各种型号的路由器，用鼠标单击想添加的路由器，松开鼠标移到工作区单击，即可将该路由器添加到工作区中。当然，也可以通过按住 Ctrl 键再单击来连续添加设备，提高效率。

1.3.3 连接设备

选取合适的线型将设备连接起来。可以根据设备间的不同接口选择特定的线型来连接，选择合适的线型后，在设备上单击，会出现端口选择弹出式菜单，选择想连接的端口，然后在另一台设备上做同样的操作，就可以将两台设备连接起来了。当然，如果只是想快速地建立网络拓扑而不考虑线型选择，可以选择自动连线（但并不推荐这么做），这时系统将自动选择端口连接。当鼠标移到所选择的线型上方时，会对该线型有简单提示，下面做一些说明。

各种类型的线，依次为自动选线、控制线、直通线、交叉双绞线、光纤、电话线、同轴电缆、DCE、DTE、一拖八控制线、物联网电缆线、USB 线。其中，DCE 和 DTE 是用于路由器之间的连线。在实际应用中，需要把 DCE 和一台路由器相连，DTE 和另一台路由器相连。在软件中，只需选一根就可以，若选了 DCE 线，则和这根线相连的路由器为 DCE，配置该路由器时需配置时钟频率。常见的双绞线连接中，路由器和计算机相连用交叉双绞线，交换机和交换机相连也会用交叉双绞线。

连接完成后，可以看到各线缆两端有不同颜色的圆点，它们表示的含义如表 1-1 所示。

表 1-1　线缆两端圆点的状态及含义

链路圆点的状态	含　义
亮绿色	物理连接准备就绪，还没有 Line Protocol Status 的指示
闪烁的绿色	连接激活
红色	物理连接不通，没有信号
黄色	交换机端口处于"阻塞"状态

1.3.4 配置设备

在工作区中单击路由器，打开设备配置对话框。

（1）切换到 Physical 选项卡，如图 1-3 所示。

Physical 选项卡用于添加端口模块，每选择一个模块，下方会显示出该模块的说明信息。在实物面板视图上可以看到空槽，首先单击面板上的电源按钮，关闭电源，其次用鼠标左键单击并按住该模块，将其拖到空槽上，即可添加模块，最后打开电源按钮（路由器上常用的串口模块有 WIC-1T、WIC-2T 等）。

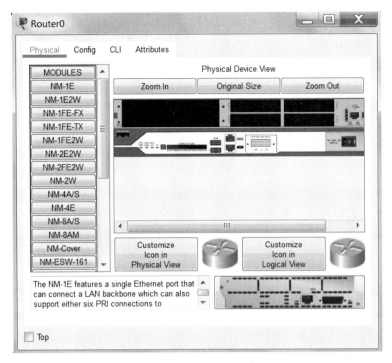

图 1-3　Physical 选项卡

（2）切换到 Config 选项卡，如图 1-4 所示。

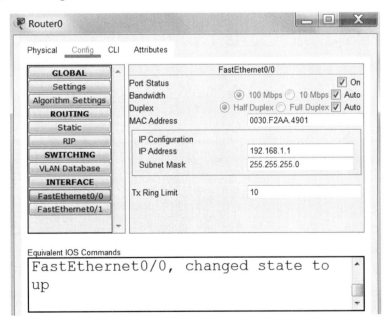

图 1-4　Config 选项卡

　　Config 选项卡提供了简单配置路由器的图形化界面，当进行某项配置时下面会显示相应的命令。这是 Packet Tracer 中的快速配置方式，主要用于简单参数的配置，如接口的 IP 地址等，实际设备中没有这样的方式。

图中配置 FastEthernet 0/0 端口的 IP 地址和子网掩码为 192.168.1.1 和 255.255.255.0。

对应的 CLI 选项卡则是在命令行模式下对网络设备进行配置的，这种模式和实际路由器的配置环境相似。

CLI 选项卡为命令行界面，我们可以在其中输入配置命令，这也是主要工作。

Attributes 选项卡用于显示设备的一些参数。

1.3.5　实时/模拟导航

默认为实时模式，不显示包轨迹。当需要观察包的运动轨迹时，就需要切换到模拟模式下。此时会出现 Event List 对话框，该对话框显示当前捕获到的数据包的详细信息，包括持续时间、源设备、目的设备、协议类型和协议详细信息，要进一步了解协议的详细信息，可以单击协议类型信息，也可以单击具体设备上显示出的包，得到很详细的 OSI 模型信息和各层 PDU。

可以编辑过滤特定协议包，并通过单击上一步◄、下一步►及播放►按钮等，反复观看，这对学习者是很有好处的，使大家可以更清晰地观察特定协议包的封装及其走向。

图 1-5 中选择只观察 ICMP 包。另外，Show All/None 按钮可以帮助更有效地选择协议。

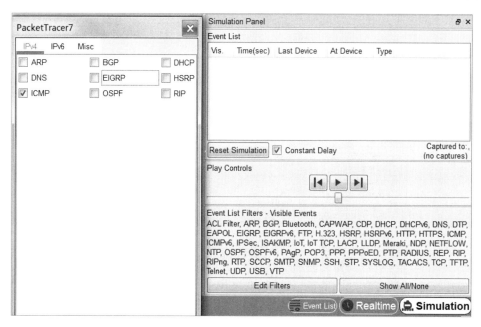

图 1-5　模拟面板

1.4　Cisco 设备基本配置模式

配置设备时，不同模式下可以执行的命令不同，比如，要配置一个接口时，须进入接口配置模式，无法在用户模式下对一个接口进行配置。

网络设备的接口，也称为端口，本书不做区别。

以路由器为例,每次进入路由器时,首先进入用户模式。在用户模式下,不能对路由器进行修改,甚至无法查看某些信息。需要对路由器进行其他操作时,只能先进入到特权模式,然后再根据需要进入其他模式进行操作,如图 1-6 所示。

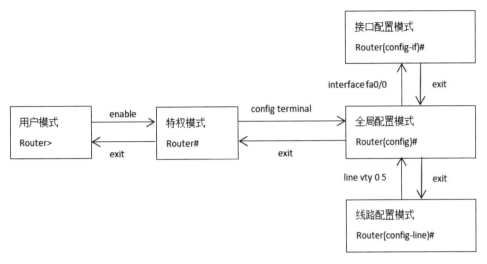

图 1-6　设备配置模式

1. 用户模式

交换机启动完成后按 Enter 键,首先进入的就是用户模式,在此模式下用户将受到极大的限制,只能查看一些统计信息。

2. 特权模式

在用户模式下输入 enable(可简写为 en)命令,可以进入特权模式,用户在该模式下可以查看并修改 Cisco 设备的配置。

3. 全局配置模式

在特权模式下输入 config terminal(可简写为 conf t)命令,可以进入全局配置模式,用户在该模式下可修改交换机的全局配置,如主机名等。

4. 接口配置模式

在全局配置模式下输入 interface fastethernet 0/1(可简写为 int f0/1),可以进入接口配置模式,在这个模式下所做的配置都是针对 f0/1 接口进行的,如设定 IP 等。

5. 线路配置模式

在全局配置模式下输入 line vty 0 5,可以进入设备的线路配置模式,进行虚通道的设置,如远程登录。

第 2 章　物理层

实验 1：双绞线制作

1. 实验目的

制作双绞线。

2. 基本概念

双绞线即 Twisted Pair，是结构化布线中最常用的传输媒体之一，是由两根相互绝缘的铜导线按照一定的规格缠绕而成的，根据外部是否有金属屏蔽层分为屏蔽双绞线和非屏蔽双绞线。之所以缠绕在一起是因为可以减小信号之间的干扰，如果外界电磁信号在两条导线上产生的干扰大小相等而相位相反，那么这个干扰信号就会相互抵消。另外，每对线使用不同颜色以便区分，即使每对中的两根线也有不同颜色的区别。

由于双绞线价格便宜、安装方便、传输可靠，因此在短距离数据传输上得到了广泛的应用。

双绞线和 RJ-45 连接器（水晶头）接在一起，就是我们这里所说的双绞线制作。双绞线的制作有两种标准，分别是 EIA/TIA 568A 和 EIA/TIA 568B 标准。当双绞线的两端同时是 568A 或 568B 时，为直连双绞线，用来连接不同设备接口；若两端不一样，则为交叉双绞线，用来连接相同设备接口。实际上，现在绝大多数网卡都可以自适应直连和交叉方式进行通信。因此，本实验仅以直连方式为例，两端都按照 T568B 标准制作。

> **说明**
>
> ✓ EIA/TIA 568A 标准：绿白、绿、橙白、蓝、蓝白、橙、棕白、棕。
> ✓ EIA/TIA 568B 标准：橙白、橙、绿白、蓝、蓝白、绿、棕白、棕。

3. 实验步骤

制作网线前，要根据拓扑设计好网线的长度。需要的工具及器件为压线钳（剥线钳）、测线仪、RJ-45 水晶头、5 类 UTP 双绞线。

（1）用压线钳的剥线刀口将 5 类双绞线的外保护套管划开，注意不要将里面的双绞线绝缘层划破，刀口距 5 类双绞线的端头至少 2 厘米。

（2）将划开的外保护套管剥去，露出 5 类 UTP 中的 4 对双绞线。

（3）按照 T568B 标准和导线颜色将导线按规定的序号排好，位置如图 2-1 所示，将 8 根导线平坦整齐地平行排列，导线间不留空隙。

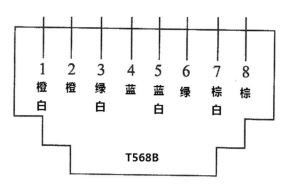

图 2-1　导线位置

（4）用压线钳将 8 根导线剪断，注意要剪整齐。剥开的导线不可太短。可以先留长一些。

（5）一只手捏住水晶头，将有弹片的一侧向下，有针脚的一端指向远离自己的方向，另一只手捏平双绞线，最左边是第 1 脚，最右边是第 8 脚，将剪断的电缆线放入 RJ-45 插头，注意要插到底，并使电缆线的外保护层在 RJ-45 插头内的凹陷处被压实。

（6）确认正确后，将 RJ-45 插头放入压线钳的压头槽内，双手紧握压线钳的手柄，用力压紧，这样，水晶头上的 8 根针脚切破导线绝缘层，和里面的导体压接在一起，就可以传输信号了。

将双绞线的另一端按同样的方法做好。

（7）测试是否连通。测试时将双绞线两端的水晶头分别插入主测试仪和远程测试端的 RJ-45 端口，将开关调至 "ON"（S 为慢速档），主机指示灯从 1 至 8 逐个顺序闪亮，则制作成功，若有灯不亮则说明该灯对应的线不通，如图 2-2 所示。

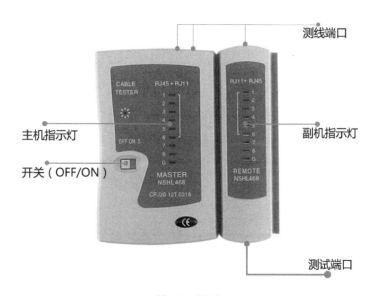

图 2-2　测试

实验 2：交换机初始配置及其 Console 端口配置

1. 实验目的

（1）掌握通过 Console 端口对交换机进行配置的方法。

（2）理解并掌握交换机初始配置。

2. 基本概念

交换机初始配置会进行一些初始的参数配置，如密码、管理 IP 等。启动新买的交换机时，NVRAM 为空，会询问是否进行初始配置。也可以后期在特权模式下使用 setup 命令主动进行初始配置。

交换机并不配备专门的输入输出设备，当配置一台新买的交换机时，第一次必须通过 Console 端口来进行。Console 端口是一个串行接口，需要用串行线将其与计算机连接起来，再利用超级终端软件对交换机进行配置，计算机相当于是交换机的输入设备。

其他配置方式包括下列几种：

（1）Telnet 方式。通过 Telnet 方式远程登录到设备进行配置，详见应用层 Telnet 实验。

（2）Web 页面配置。通过一些网管软件或 Web 方式对交换机进行远程配置，这样使用方便，但是有的命令无法在 Web 页面中执行。

（3）通过 TFTP 服务器实现对配置文件的保存、下载和恢复等操作，简单方便。

在 Packet Tracer 中，可以直接在 CLI 选项卡中进行配置。

3. 实验流程

实验流程如图 2-3 所示。

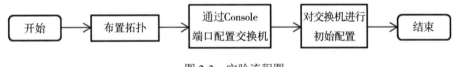

图 2-3　实验流程图

4. 实验步骤

（1）实验拓扑如图 2-4 所示，计算机和交换机通过串行线连接起来。

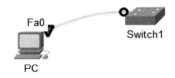

图 2-4　拓扑图

（2）通过 Console 端口对交换机进行配置。

如图 2-5 所示，在主机的 Desktop 选项卡中，单击 Terminal 选项，在弹出的对话框中单击 OK 按钮，即可以登录到配置界面进行配置，如图 2-6 和图 2-7 所示。

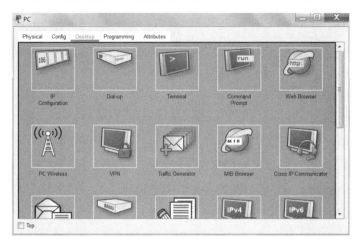

图 2-5 Desktop 选项卡

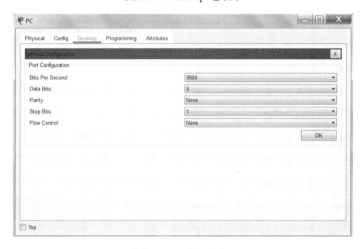

图 2-6 配置界面 1

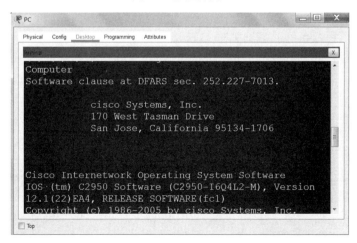

图 2-7 配置界面 2

在交换机的几种操作模式间切换，使用 end 命令可以直接退回到特权模式。

```
Switch>enable
//enable 为进入特权模式命令，此处由于没有设置密码，所以直接进入
Switch#
Switch#configure terminal
// configure terminal 为进入全局配置模式命令，在进入其他更具体的配置模式前，先要进入
全局配置模式
Enter configuration commands, one per line. End with CNTL/Z.
Switch(config)#interface f0/1
//进入 f0/1 接口配置模式，在该模式下可对 f0/1 接口进行进一步的配置
Switch(config-if)#exit
//exit 为返回上一级配置模式命令，此处从接口配置模式退回全局配置模式
Switch(config)#exit
//退回特权模式
Switch#
```

（3）对交换机进行初始配置。

在特权模式下输入 setup 命令进行初始配置，这里配置交换机管理端口为 VLAN 1、IP 地址为 192.168.1.1/24、交换机名称为 jiaoxue_1、一般用户密码为 cisco1、特权用户密码为 cisco2、远程登录密码为 ciscovir。下面加黑部分为用户输入内容。

```
Would you like to enter basic management setup? [yes/no]: yes
Configuring global parameters:
Enter host name [Switch]: jiaoxue_1
//配置设备名称
The enable secret is a password used to protect access to privileged EXEC and
configuration modes. This password, after entered, becomes encrypted in the
configuration.
Enter enable secret: cisco2
//配置特权用户密码，该密码将被加密
The enable password is used when you do not specify an enable secret password,
with some older software versions, and some boot images.
Enter enable password: cisco1
//配置一般用户密码，该密码不加密，用在一些老版本中
The virtual terminal password is used to protect access to the router over
a network interface.
Enter virtual terminal password: ciscovir
//配置虚拟终端密码，用于远程登录
Configure SNMP Network Management? [no]:no
```

```
Current interface summary
…
Enter interface name used to connect to the management network from the above
interface summary: vlan1
```
//配置端口，二层交换机默认所有端口为 VLAN 1，这里配置为 VLAN 1
```
Configuring interface Vlan1:
Configure IP on this interface? [yes]: yes
IP address for this interface: 192.168.1.1
```
//给 VLAN 1 配置一个 IP 地址，可通过这个地址对交换机进行登录管理
```
Subnet mask for this interface [255.255.255.0]:
```
//按默认配置，直接回车。
```
The following configuration command script was created:
!
```
//创建了下面的参数
```
hostname jiaoxue_1
enable secret 5 $1$mERr$yG9qv7LLYVvOYzwRYtdTM/
enable password cisco1
```
//secret 密码是加密显示的，password 密码不加密
```
line vty 0 4
password ciscovir
!
interface Vlan1
no shutdown
ip address 192.168.1.1 255.255.255.0
!
end
 [0] Go to the IOS command prompt without saving this config.
[1] Return back to the setup without saving this config.
[2] Save this configuration to nvram and exit.
Enter your selection [2]:
```
//选默认[2]（保存退出），直接回车
```
Building configuration...
[OK]
Use the enabled mode 'configure' command to modify this configuration.
jiaoxue_1#
```

第 3 章 数据链路层

实验 1：用集线器组建局域网

1. 实验目的

（1）理解集线器的工作方式。

（2）理解碰撞域。

2. 集线器工作方式

最初的以太网是共享总线型的拓扑结构，后来发展为以集线器（Hub）为中心的星形拓扑结构，可以将集线器想象成总线缩短为一点时的设备，内部用集成电路代替总线，所以说使用集线器的星形以太网逻辑上仍然是一个总线网。

集线器通常用来直接连接主机，从一个端口接收信号，并对信号经过整形放大后将其从所有其他端口转发出去，是一个有源的设备。集线器工作在物理层，并不识别比特流里面的帧，也不进行碰撞检测，只做简单的物理层的转发，如果信号发生碰撞，主机将无法收到正确的比特。

集线器及其所连接的所有主机都属于同一个碰撞域，不同于广播域，碰撞域是指物理层信号的碰撞，是物理层的概念，因而集线器也是一个属于物理层的设备，为便于比较，将此实验放在数据链路层。由于集线器工作方式非常简单，也经常被称为傻 Hub。

详细内容请参考《计算机网络》（第 8 版）教材 3.3.3 节。

3. 实验流程

本实验可用一台主机去 ping 另一台主机，并在模拟状态下观察 ICMP 分组的轨迹，理解碰撞域。实验流程如图 3-1 所示。

图 3-1 实验流程图

4. 实验步骤

1）单个集线器组网

实验拓扑如图 3-2 所示，主机 IP 应配置在同一网段，具体 IP 配置如表 3-1 所示。

表 3-1　IP 配置表

设备	IP 地址	子网掩码
PC0	192.168.1.1	255.255.255.0
PC1	192.168.1.2	255.255.255.0
PC2	192.168.1.3	255.255.255.0

在 PT 模拟模式下，由 PC0 ping PC2，只选中 ICMP 协议，观察比特流的轨迹。

由图 3-3 和图 3-4 可以看到，集线器将数据包从其他所有端口转发出去，这 3 台 PC 属于同一碰撞域。

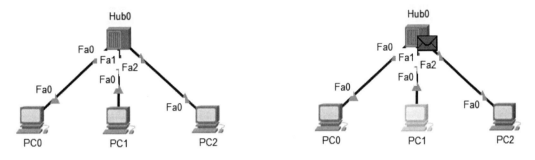

图 3-2　集线器拓扑　　　　　　　　　　　　　　　图 3-3　比特流到达集线器

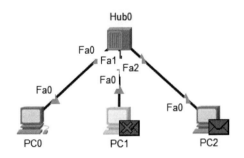

图 3-4　集线器转发

2）使用集线器扩展以太网

实验拓扑如图 3-5 所示，主机 IP 应配置在同一网段，具体 IP 配置略。Hub1 的转发如图 3-6 所示。

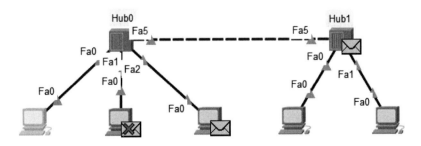

图 3-5　Hub0 的转发

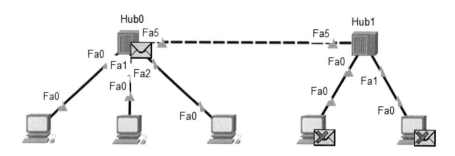

图 3-6　Hub1 的转发

从本实例中可以观察到，由一台主机所发出的数据包被集线器转发到所有其他主机，即便是它们连接在不同的集线器上，这说明所有主机都处在同一个碰撞域中。

实验 2：以太网二层交换机原理实验

1. 实验目的

（1）理解二层交换机的原理及工作方式。
（2）利用交换机组建小型交换式局域网。

2. 交换机原理及工作方式

交换机是目前局域网络中最常用到的组网设备之一，它工作在数据链路层，所以常被称为二层交换机。实际上，交换机有可工作在三层或三层以上层的型号设备，为了表述方便，这里的交换机仅指二层交换机。

数据链路层传输的 PDU（协议数据单元）为帧，不同于工作在物理层的集线器，交换机可以根据帧中的目的 MAC 地址进行有选择的转发，而不是一味地向所有其他端口广播，这依赖于交换机中的交换表。当交换机收到一个帧时，会根据帧里面的目的 MAC 地址去查交换表，并根据结果将其从对应端口转发出去，这使得网络的性能得到极大的提升。

鉴于交换机的这种转发特性，使得端口间可以并行地通信，比如，1 端口和 2 端口通信时，并不影响 3 端口和 4 端口同时进行通信，当然，前提是交换机必须有足够的背板带宽。

交换机通常有很多端口，如 24 口或 48 口，在组网中被直接用来连接主机，其端口一般都工作在全双工模式下（不运行 CSMA/CD 协议），尽管它也可以设置为半双工模式，但显然很少有人那样做。

详细内容请参考《计算机网络》（第 8 版）教材 3.4.2 节。

3. 实验流程

本实验可用一台主机去 ping 另一台主机，并在模拟状态下观察 ICMP 分组的轨迹，理解交换机的转发过程。实验流程如图 3-7 所示。

图 3-7　实验流程图

4. 实验步骤

（1）了解交换机工作原理。实验拓扑如图 3-8 所示，在模拟模式下，只过滤 ICMP 协议，从 PC0 去 ping PC1，然后单击图 3-8 右图下角的三角按钮▶┃，再单击 PC0 出站包，观察 PC0 中封装的帧结构，特别是源地址和目的地址，如图 3-9 所示。

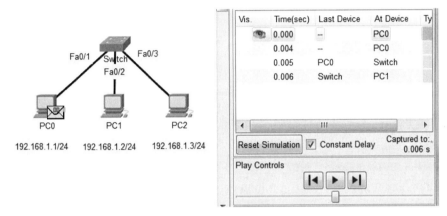

图 3-8　实验拓扑图

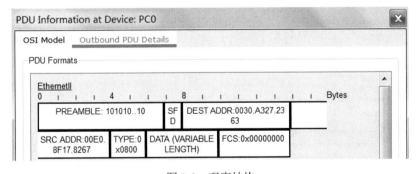

图 3-9　观察结构

（2）单击到达 Switch0 中的帧，如图 3-10 所示，观察进站和出站的帧，可以发现其源 MAC 地址和目的 MAC 地址没有改变，说明尽管每个交换机端口都有各自的 MAC 地址，但进出交换机端口并不会改变帧中的源和目的 MAC 地址。

该帧被交换机从 Fa0/2 端口转发到 PC1，之所以没有从 Fa0/3 端口转发出去，是因为交换机是根据交换表来转发以太网帧的，这也是其和集线器的主要区别。

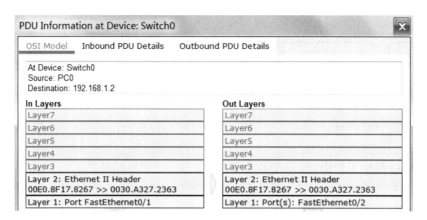

图 3-10   观察进站和出站的帧

（3）查看交换机交换表。进入交换机 CLI 界面，在特权模式下查看交换机的交换表并进行印证。

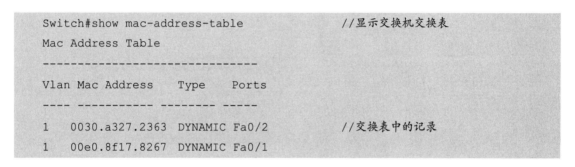

```
Switch#show mac-address-table          //显示交换机交换表
Mac Address Table
-------------------------------------

Vlan Mac Address       Type        Ports
---- -----------     --------    -----
1    0030.a327.2363  DYNAMIC  Fa0/2      //交换表中的记录
1    00e0.8f17.8267  DYNAMIC  Fa0/1
```

观察 PC1 中的进站和出站帧，可以看到其出站和进站的 MAC 地址已经相反了，出站帧是 ping 命令对 PC0 的回答，将被发往 PC0，如图 3-11 所示。

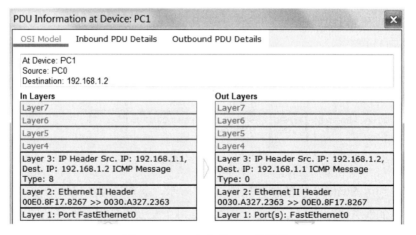

图 3-11   ping 命令对 PC0 的回答

在这种拓扑下，只要主机的 IP 地址在同一网段，主机之间就可以两两 ping 通。这种拓扑用来组建一些小型网络，如覆盖一间办公室或宿舍的交换式网络。

实验 3：交换机中交换表的自学习功能

1. 实验目的

（1）理解二层交换机交换表的自学习功能。

2. 基本概念

交换机可以即插即用，不需要人工配置交换表，交换表的建立是通过交换机自学习得到的。其主要思路为主机 A 封装的帧从交换机的某个端口进入，当然，也可以从该端口到达主机 A。这样，当交换机在收到一个帧时，可以将帧中的源 MAC 地址和对应的进入端口号记录到交换表中，作为交换表中的一个转发项目。若交换表中没有目的 MAC 地址的记录，则通过广播方式去寻找，即向除该进入端口外的所有其他端口转发。

详细内容请参考《计算机网络》（第 8 版）教材 3.4.2 节。

本实验相关命令如下所示：

```
Switch#clear mac-address-table dynamic        //清空交换机交换表
```

3. 实验流程（如图 3-12 所示）

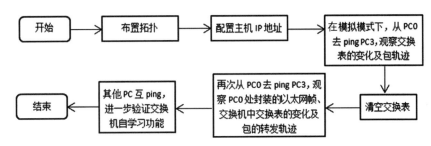

图 3-12　实验流程图

4. 实验步骤

（1）构建拓扑。

创建如图 3-13 所示的拓扑。

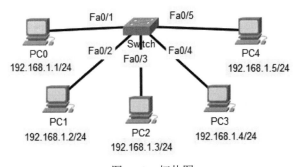

图 3-13　拓扑图

（2）执行 ping 命令，观察分组。

在模拟模式下，只过滤 ARP 和 ICMP 协议，从 PC0 ping PC3，如图 3-14 所示。单击 PC0
处的 ARP 分组，该分组被封装为以太网广播帧（目的 MAC 地址为全 1），这里暂不考虑 ARP
的原理，仅观察 ARP 分组里的源和目的 MAC 地址，如图 3-15 所示。

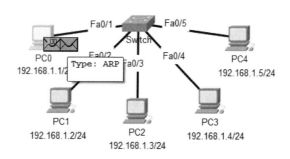

图 3-14　从 PC0 ping PC3

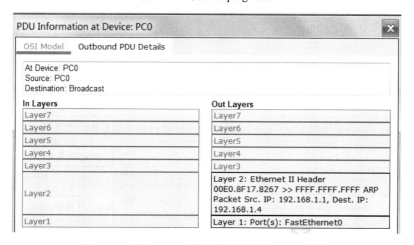

图 3-15　观察 ARP 分组里的源和目的 MAC 地址

由于该分组还没有到达交换机，所以，此时交换机的交换表是空的，可查看交换机的交
换表验证。

（3）在交换机中添加交换表记录。

ARP 分组到达交换机，此时查看交换机的交换表，如图 3-16 所示。

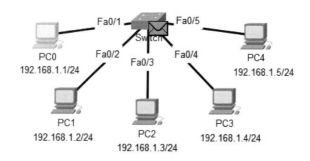

图 3-16　ARP 分组到达交换机

```
Switch#show mac-address-table
Mac Address Table

Vlan Mac Address      Type    Ports
---- -----------      -------- -----

1    00e0.8f17.8267 DYNAMIC Fa0/1
```

实验时利用 ping 命令去访问另一台主机，在 ping 包发出前，网络会先运行 ARP 协议来获得对方主机的 MAC 地址。这样，按照自学习算法，交换机会首先学习到 ARP 分组中的源 MAC 地址和对应端口号，并记入交换表。

可以看到，PC0 的 MAC 地址已经被交换机自动学习到了。

（4）ARP 分组被交换机广播出去，如图 3-17 所示。但需要注意，此广播属于 ARP 的广播（目的 MAC 地址为全 1），而非交换机找不到转发表中的记录所进行的广播。

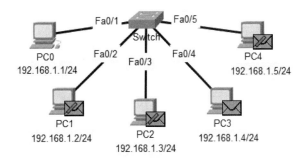

图 3-17　ARP 分组被交换机广播出去

（5）单击 PC3 上 ARP 的应答分组，如图 3-18 所示，观察 PC3 的 MAC 地址（0060.5CE2.8EBA）。

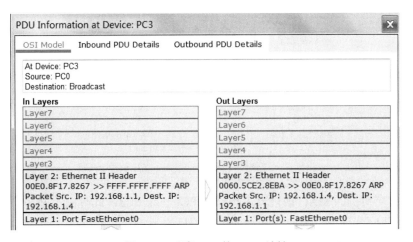

图 3-18　观察 PC3 的 MAC 地址

（6）交换机转发 ARP 分组。

ARP 分组返回交换机，如图 3-19 所示，此时，按照自学习算法，PC3 的 MAC 地址将被记录到交换表中。

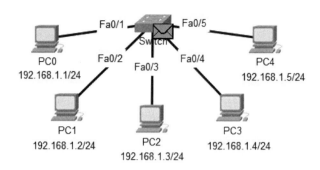

图 3-19　ARP 分组返回交换机

查看交换机的交换表：

```
Switch#show mac-address-table
Mac Address Table
-------------------------------------------

Vlan    Mac Address         Type        Ports
----    -----------         --------    -----

1       0060.5ce2.8eba      DYNAMIC     Fa0/4
1       00e0.8f17.8267      DYNAMIC     Fa0/1
```

（7）观察交换机的转发。

如图 3-20 所示，可以看到，交换机直接将该分组由 Fa0/1 转发出去，而不是向其他端口广播，这正是依据交换表转发的结果。

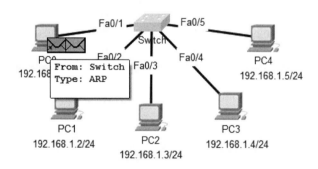

图 3-20　交换机直接将该分组由 Fa0/1 转发出去

（8）清空交换机的 MAC 地址表，再次由 PC0 ping PC3。此时由于 PC0 的 ARP 缓存中保存有 PC3 的 MAC 地址，因此，PC0 处封装的目的 MAC 地址为 PC3 的 MAC 地址，当帧到达交换机时，由于交换机地址表中没有该目的地址的记录，所以按照自学习算法将向所有其他端口转发。

ping 命令结束后，再次查看交换机中的交换表，此时交换表中的记录是几条？请大家思考并验证。

实验 4：交换机 VLAN 实验

1. 实验目的

（1）理解二层交换机的缺陷。

（2）理解交换机的 VLAN，掌握其应用场合。

（3）掌握二层交换机 VLAN 的基础配置。

2. VLAN 基础知识

一个二层交换网络属于一个广播域，广播域也可以理解为一个广播帧所能达到的范围。在网络中存在大量的广播，许多协议及应用通过广播来完成某种功能，如 MAC 地址的查询、ARP 协议等，但过多的广播包在网络中会发生碰撞，一些广播包会被重传，这样，越来越多的广播包会最终将网络资源耗尽，使得网络性能下降，甚至造成网络瘫痪。

虚拟局域网（VLAN，Virtual Local Area Network）技术可以将一个较大的二层交换网络划分为若干个较小的逻辑网络，每个逻辑网络是一个广播域，且与具体物理位置没有关系，这使得 VLAN 技术在局域网中被普遍使用，具体来说，VLAN 有如下优点。

（1）控制广播域。每个 VLAN 属于一个广播域，通过划分不同的 VLAN，广播被限制在一个 VLAN 内部，将有效控制广播范围，减小广播对网络的不利影响。

（2）增强网络的安全性。对于有敏感数据的用户组可与其他用户通过 VLAN 隔离，减小被广播监听而造成泄密的可能性。

（3）组网灵活，便于管理。可以按职能部门、项目组或其他管理逻辑来划分 VLAN，便于部门内部的资源共享。由于 VLAN 只是逻辑上的分组网络，因此可以将不同地理位置上的用户划分到同一 VLAN 中。例如，将一幢大楼二层的部分用户和三层的部分用户划到同一 VLAN 中，尽管他们可能连接在不同的交换机上，地理位置也不同，但在一个逻辑网络中，按统一的策略去管理。

交换机中的每个 VLAN 都被赋于一个 VLAN 号，以区别于其他 VLAN，也可以对每个 VLAN 起个有意义的名称，方便理解。

VLAN 划分的方式如下所示。

（1）基于端口的划分。如将交换机端口划分到某个 VLAN，则连接到该端口上的用户即属于该 VLAN。优点是简单、方便，缺点是当该用户离开端口时，需要根据情况重新定义新端口的 VLAN。

（2）基于 MAC 地址、网络层协议类型等划分 VLAN。

基于端口的划分方式应用最多，所有支持 VLAN 的交换机都支持这种方式，这里只介绍基于端口的划分。

更多详细内容请参考《计算机网络》（第 8 版）教材 3.4.3 节。

常用配置命令如表 3-2 所示。

表 3-2　常用配置命令

命令格式	含义
vlan vlan-id	创建 VLAN，如 vlan 10
name vlan-name	给 VLAN 命名
switchport mode access	将该端口定义为 access 模式，应用于端口模式下
switchport access vlan vlan-id	将端口划分到特定 VLAN，应用于端口模式下
show vlan	显示 VLAN 及端口信息
show vlan id vlan-id	显示特定 VLAN 信息

3. 实验流程

本实验可用一台主机去 ping 另一台主机，并在不同情况下观察帧的轨迹，理解碰撞域。实验流程如图 3-21 所示。

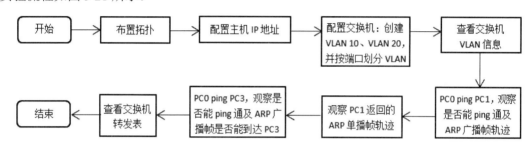

图 3-21　实验流程图

4. 实验步骤

（1）布置拓扑。

将主机 IP 地址均设置为 192.168.1.0/24 网段，在交换机中创建 VLAN 10 和 VLAN 20，将 Fa0/1、Fa0/2 和 Fa0/5 端口划入 VLAN 10，将 Fa0/3、Fa0/4 和 Fa0/6 划入 VLAN 20，如图 3-22 所示。PC0、PC1 和 PC4 属于 VLAN 10 的广播域，而 PC2、PC3 和 PC5 属于 VLAN 20 的广播域，观察 VLAN 的作用。

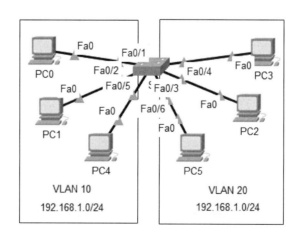

图 3-22　创建 VLAN 10 和 VLAN 20

（2）配置交换机。

对交换机按要求做如下配置：

```
Switch>en
Switch#conf t
Enter configuration commands, one per line. End with CNTL/Z.
Switch(config)#vlan 10                  //创建 VLAN 10
Switch(config-vlan)#vlan 20             //创建 VLAN 20
Switch(config)#int range f0/1-2,f0/5
Switch(config-if-range)#switch mode access
Switch(config-if-range)#switch access vlan 10
Switch(config-if-range)#exit
Switch(config)#int range f0/3-4,f0/6
Switch(config-if-range)#switch mode access
Switch(config-if-range)#switch access vlan 20
Switch(config-if-range)#exit
```

经过以上设置后，查看交换机 VLAN 信息：

```
Switch(config)#do show vlan
VLAN    Name      Status     Ports
----    -------   ---------  --------------------------------
1       default   active     Fa0/7, Fa0/8, Fa0/9, Fa0/10, Fa0/11,
                             Fa0/12, Fa0/13, Fa0/14, Fa0/15, Fa0/16, Fa0/17,
                             Fa0/18,Fa0/19, Fa0/20, Fa0/21, Fa0/22, Fa0/23,
                             Fa0/24, Gig0/1, Gig0/2
10      myvlan10 active      Fa0/1, Fa0/2, Fa0/5
20      myvlan20 active      Fa0/3, Fa0/4, Fa0/6
1002    fddi-default active
1003    token-ring-default active
1004    fddinet-default active
1005    trnet-default active
```

可以发现,交换机知道哪些端口属于哪个 VLAN,默认情况下所有端口都属于 VLAN 1。

（3）同一 VLAN 广播帧。

在模拟模式下，从 PC0 ping PC1，只过滤 ARP 分组和 ICMP 分组。其中第一个 ARP 分组是广播帧,这里我们暂时只关注其广播的属性。由于该包从 Fa0/1 端口进入,属于 VLAN 10,因此它将在 VLAN 10 中广播。观察 VLAN 10 的广播域，显然，只有 PC1、PC4 可以收到这个帧,其中 PC4 丢弃该帧，而不属于 VLAN 10 的主机将收不到该广播帧。

注意观察 PC0 处封装的 ARP 广播帧,其目的地址为广播地址（全 1）,如图 3-23 所示。

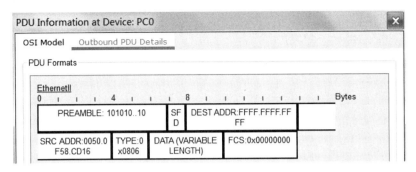

图 3-23　观察其目的 MAC 地址

（4）同一 VLAN 单播帧。

ARP 广播帧到达 PC1 后，PC1 会向 PC0 回复一个单播帧，根据交换机的交换表自学习算法，PC0 的 MAC 地址会被交换机学习到，所以单播帧将被直接转发到 PC0，而不会向其他端口转发。当然，若转发表中没有该地址，则会在 VLAN 10 中广播该帧。

需要注意的是，前面自学习算法没有提到 VLAN，而转发表是基于 VLAN 的，这是因为转发表的建立过程中需要用到广播功能，而广播只能在同一个 VLAN 内部进行。当交换机由 Fa0/2（该端口属于 VLAN 10）收到该 ARP 回复帧后，接下来只会查询 VLAN 10 的交换表，而不会查询 VLAN 20 的交换表。

实际上，属于哪个 VLAN 是交换机的事情，对于主机端来说，对此毫不知情。主机端封装的帧在进入交换机端口时才被打上 VLAN 标识，而在离开端口时会删掉 VLAN 标识，再交给主机。

（5）不同 VLAN 单播帧。

从 PC0 ping PC3，此时 PC0 与 PC3 属于不同 VLAN，交换机从 Fa0/1 端口收到 ARP 广播帧后，会在 VLAN 10 中广播，PC1 和 PC4 可以收到广播帧，但都被丢弃，而 PC3 则收不到该广播帧，如图 3-24 所示。

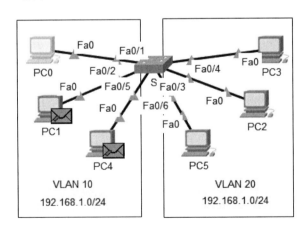

图 3-24　不同 VLAN 单播帧演示

查看交换机转发表，注意转发表中 MAC 地址前都有 VLAN 标识，目前转发表中没有 VLAN 20 的记录。

```
Switch#show mac-address-table
Mac Address Table
-------------------------------------------------
Vlan Mac Address         Type    Ports
---- -----------  -------- -----
10   0005.5ea3.45bb       DYNAMIC Fa0/2
10   0050.0f58.cd16       DYNAMIC Fa0/1
```

实验 5：交换机 VLAN 中继实验

1. 实验目的

（1）理解 VLAN 中继的概念。
（2）掌握以太网交换机的 VLAN 中继配置。
（3）掌握 VTP 的配置。

2. VLAN 中继基础知识

首先看一个例子，拥有 VLAN 10 和 VLAN 20 的交换机想要到达另一台拥有相同 VLAN 的交换机时，需要它们在物理上连接两条链路，分别用来承载 VLAN 10 和 VLAN 20 的流量，如图 3-25 所示。

图 3-25　连接两条链路

中继是一条支持多个 VLAN 的点到点链路，允许多个 VLAN 通过该链路到达另一端，如可用一条中继链路来代替上图中的两条链路，如图 3-26 所示。显然，对于交换机来说，这种技术节约了端口数量。一般来说，中继链路被设置在交换机之间的连接上。

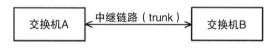

图 3-26　用一条中继链路

1988 年 IEEE 批准了 802.3ac 标准，这个标准定义了以太网帧格式的扩展。虚拟局域网的帧称为 802.1Q 帧，是在以太网帧格式中插入一个 4 字节的标识符（VLAN 标记），用以指明该帧属于哪一个 VLAN，详见《计算机网络》（第 8 版）教材 3.4.3 节。

随着 VLAN 技术在局域网中的应用越来越多，在交换机中配置 VLAN 也成为一个比较繁杂的工作，为此，Cisco 开发了虚拟局域网中继协议（VLAN Trunk Protocol，VTP），工作在数据链路层，该协议可以帮助网络管理员自动完成 VLAN 的创建、删除和同步等工作，减少配置工作量。

配置 VTP，需要重点理解以下几点。

（1）VTP 协议工作在一个域中，所有加入该 VTP 的交换机必须设置为同一个域。

（2）VTP 协议遵循客户机/服务器模式，Cisco 交换机默认属于服务器模式，对于 VTP 客户机，需要指明其客户机模式。VTP 协议会将服务器中的 VLAN 同步到客户机中。

（3）传输 VTP 协议分组的链路必须是中继链路，access 模式无法传递 VTP 分组。

在客户机模式下，交换机接收到的 VLAN 信息保存在 RAM 中，这也意味着，交换机重启后，这些信息会丢失，需要重新学习。

常用配置命令如表 3-3 所示。

表 3-3　常用配置命令

命令格式	含义
switchport mode trunk	将该端口设置为 trunk 模式，不理会对方端口是否为 trunk 模式
switchport trunk allowed vlan add vlan-id	将该 vlan-id 添加到 trunk 中，允许其通过
switchport trunk allowed vlan remove vlan-id	将该 vlan-id 从 trunk 中移除，不允许其通过
switchport trunk allowed vlan except vlan-id	trunk 中允许除该 vlan-id 外的所有其他 VLAN
switchport trunk allowed vlan all	trunk 中允许所有 VLAN 通过
switchport trunk allowed vlan none	trunk 中不允许任何 VLAN 通过
vtp domain domain-name	设置 VTP 域名
vtp mode server/client/transparent	设置 VTP 模式
hostname switch-name	设置交换机名称

3. 实验流程

本实验可用一台主机去 ping 另一台主机，并在模拟状态下观察 ICMP 分组的轨迹，理解碰撞域。实验流程如图 3-27 所示。

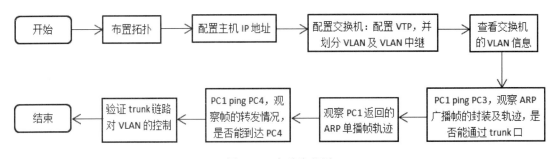

图 3-27　实验流程图

4. 实验步骤

（1）布置拓扑。

如图 3-28 所示，拓扑中包含 3 台交换机（S1、S2 和 S3）和 6 台主机，将主机 IP 地址均设置为 192.168.1.0/24 网段,在交换机 S2、S3 中创建 VLAN 10 和 VLAN 20,在 S2 中将 Fa0/1、Fa0/2 端口划入 VLAN 10,将 Fa0/3 端口划入 VLAN 20。在 S3 中将 Fa0/1 端口划入 VLAN 10,将 Fa0/2 和 Fa0/3 端口划入 VLAN 20。

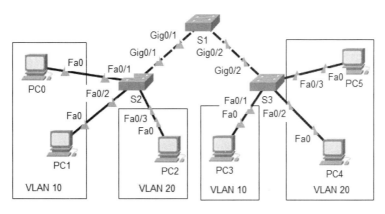

图 3-28　布置拓扑

（2）配置 VTP、交换机 VLAN 及端口。

设置 S1 为 VTP 服务器,设置 VTP 域名为 myvtp,创建 VLAN 10 和 VLAN 20。

```
Switch>en
Switch#conf t
Switch(config)#hostname S1
S1(config)#vtp mode server
S1(config)#vtp domain myvtp
S1(config)#vlan 10
S1(config-vlan)#vlan 20
```

在 S2 中将 Gig0/1 端口（简写为 g0/1）配置为 trunk 模式,设置 VTP 工作模式为客户机,VTP 域名为 myvtp,命令如下所示:

```
S2(config)#int g0/1
S2(config-if)#switch mode trunk
S2(config-if)#exit
S2(config)# vtp mode client
S2(config)# vtp domain myvtp
```

在 S3 中将 Gig0/2 端口配置为 trunk 模式,设置 S3 的 VTP 工作模式为客户机,VTP 域名为 myvtp,命令行略。交换机 S1 默认将 Gig0/1 和 Gig0/2 端口和对方端口协商为 trunk 模式。

配置完成后,请查看交换机的 VLAN 信息。

（3）VLAN 10 的广播帧。

由 PC1 ping PC3,首先在 PC1 处生成 ARP 广播分组,该分组被封装为以太网帧,观察其模拟状态下的转发轨迹和不同设备上生成的出站及进站帧。需要注意的是,虽然 PC1 被划入 VLAN 10，但 PC1 处生成的只是一个普通的以太网帧，802.1Q 的帧并非在这里被封装。

可以看到，ARP 广播帧首先到达 S2，并由 S2 进一步广播到 PC0 和 S1，如图 3-29 所示，其中，PC0 处的帧被丢弃，广播到 S1 处的帧是 802.1Q 帧，即带 VLAN 标记的帧，该帧在交换机 S2 转发前被封装，S2 的入站帧和出站帧如图 3-30 和图 3-31 所示。接着从 S1 被广播到 S3，S3 的入站帧是 802.1Q 帧，出站帧是普通以太网帧，被转发到 PC3，请读者自行查看。在这个过程中，交换机的广播都是按照 VLAN 10 的广播域来进行的。这里，PC0、PC1、PC3、S1、S2 和 S3 都属于 VLAN 10 的广播域。

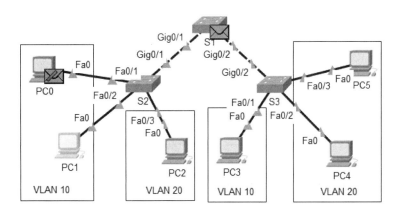

图 3-29　ARP 广播帧的广播路径

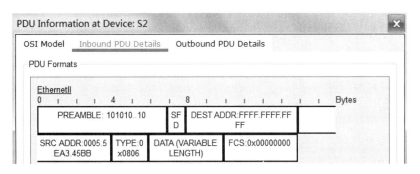

图 3-30　S2 的入站帧（不带 VLAN 标记）

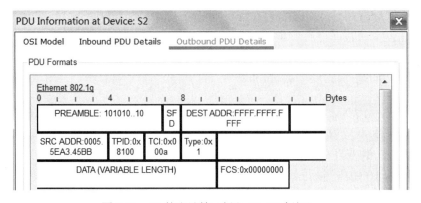

图 3-31　S2 的出站帧（插入 VLAN 标记）

（4）VLAN 10 的单播帧。

这里根据 PC3 返回的 ARP 单播帧来分析，观察单播帧被转发的情况。首先 PC3 生成指向 PC1 的 MAC 地址的以太网单播帧，如图 3-32 所示。

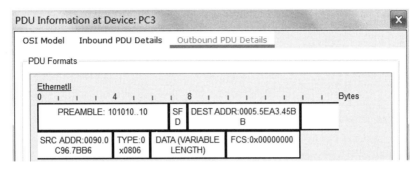

图 3-32　生成指向 PC1 的 MAC 地址的以太网单播帧

ARP 单播帧未到达 S3 前，S3 的转发表如下：

```
S3#show mac-address-table
Mac Address Table
-------------------------------------------

Vlan    Mac Address       Type        Ports
------  ----------------  --------    --------

1       0001.4246.2e1a    DYNAMIC     Gig0/2
10      0005.5ea3.45bb    DYNAMIC     Gig0/2    //目的地址为 PC1 的记录
```

ARP 单播帧未到达 S1 前，S1 的转发表如下：

```
S1#show mac-address-table
Mac Address Table
-------------------------------------------

Vlan    Mac Address       Type        Ports
------  ----------------  --------    -------

1       0002.17c6.be1a    DYNAMIC     Gig0/2
//该目的地址为对端交换机端口的地址
1       0050.0fde.1019    DYNAMIC     Gig0/1
10      0002.17c6.be1a    DYNAMIC     Gig0/2
10      0005.5ea3.45bb    DYNAMIC     Gig0/1
//目的地址为 PC1 的记录
20      0002.17c6.be1a    DYNAMIC     Gig0/2
```

观察 S1 转发表可知，trunk 口默认属于每个 VLAN。

由于单播帧从 S3 的 VLAN 10 端口进入，所以，各交换机都查找各自 VLAN 10 的交换表，并按照交换表转发。ARP 单播帧被 S3 转发到 S1，接着被 S1 转发到 S2，最后被转发到

PC1。在此过程中，其他 VLAN 10 和 VLAN 20 主机都收不到该单播帧。

（5）VLAN 10 向 VLAN 20 发的单播帧。

这里由 PC1 向 PC4 发单播帧，为了得到 PC4 的 MAC 地址，便于封装 PC1 ping PC4 的单播帧，这里执行以下命令，将 S3 的 Fa0/2 端口先改为属于 VLAN 10：

```
S3(config)#int f0/2
S3(config-if)#no switch access vlan 20
S3(config-if)#switch access vlan 10
```

执行 PC1 ping PC4 的命令，由于 PC4 现在属于 VLAN 10，所以可以 ping 通，PC1 将获得 PC4 的 MAC 地址，该 MAC 地址被缓存在 PC1 的 ARP 缓存中，便于下次需要时封装。这样，在 PC1 处再次 ping PC4 时，就可以封装为一个目的地址为 PC4 的单播帧。

在 S3 中执行以下命令，将 S3 的 Fa0/2 端口再改回属于 VLAN 20，并清空交换表。

```
S3(config-if)#no switch access vlan 10
S3(config-if)#switch access vlan 20
S3(config-if)#end
S3#clear mac-address-table
```

再次执行 PC1 ping PC4 的命令，可以看到，PC1 处已封装了目的 MAC 地址为 PC4 地址的 MAC 帧，如图 3-33 所示。

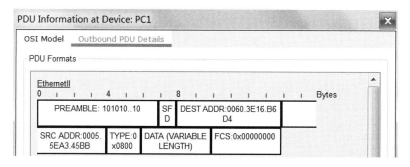

图 3-33　已封装了目的 MAC 地址为 PC4 地址的 MAC 帧

在模拟状态下观察 ICMP 协议，由于交换机的交换表中没有对应的记录，所以该帧被交换机在 VLAN 10 中广播。显然，所有收到该帧的主机都会将其丢弃，而 PC4 则无法收到该帧。图 3-34 为 PC3 收到该帧后将其丢弃的情况。

（6）验证中继控制。

在 S2 中执行以下命令：

```
S2(config)#int g0/1
S2(config-if)#switch trunk allowed vlan remove 10
//将 VLAN 10 从 trunk 中移除，VLAN 10 的帧无法从 g0/1 口通过。
```

此时，由 PC1 去 ping PC3，结果是不通的。

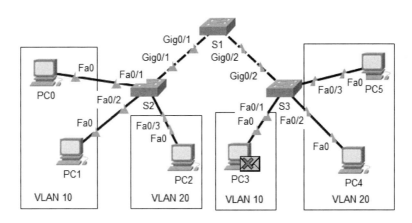

图 3-34　PC3 收到该帧后将其丢弃

继续执行以下命令：

```
S2(config-if)#switch trunk allowed vlan add 10
//将 VLAN 10 添加到 trunk 中，VLAN 10 的帧可以从 g0/1 口通过。
```

再由 PC1 去 ping PC3，结果可以 ping 通。

读者可自行练习其他命令，加深理解。

一个 VLAN 就是一个广播域，所以在同一个 VLAN 内部，计算机之间的通信就是二层通信。如果计算机与目的计算机处在不同的 VLAN 中，那么它们之间是无法进行二层通信的，只能进行三层通信来传递信息，我们将在后面的实验中解决这个问题。

实验 6：生成树配置

1. 实验目的

（1）理解生成树协议的目的和作用。

（2）掌握配置生成树协议。

（3）掌握调整生成树协议中交换机的优先级。

2. 生成树基础知识

生成树协议（spanning-tree）主要用来解决交换网络中的环路问题，使同一个广播域中物理链路上形成的环路，在逻辑上无法形成环路，避免大量广播风暴的形成。另外，生成树还可以为交换网络提供冗余备份链路，该协议将交换网络中的冗余备份链路从逻辑上断开，当主链路出现故障时，能够自动切换到备份链路，保证数据的正常转发。

生成树协议版本：STP、RSTP（快速生成树协议）、MSTP（多生成树协议）。

生成树协议的缺点是收敛时间长。

快速生成树在生成树协议的基础上增加了两种端口角色，替换端口或备份端口，分别作为根端口和指定端口。当根端口或指定端口出现故障时，冗余端口可以直接切换到替换端口或备份端口上，从而实现 RSTP 协议小于 1 秒的快速收敛。

常用配置命令如表 3-4 所示。

表 3-4　常用配置命令

命令格式	含　义
show spanning-tree	查看当前生成树协议信息
spanning-tree vlan 1 priority 优先权值	设置设备 VLAN 1 的优先级，其值为 4096 的倍数，数字越小，优先级越高
spanning-tree vlan 1 root primary	将设备调整为 VLAN 1 的根桥

3. 实验流程

本实验观察并分析 STP 的信息，并调整设备优先级，使拓扑更为合理。实验流程如图 3-35 所示。

图 3-35　实验流程图

4. 实验步骤

（1）布置拓扑。

如图 3-36 所示，拓扑中包含 3 台交换机（S0、S1 和 MS0），交换机所有端口均属于 VLAN 1，在同一个广播域中，由于在物理上形成了环路，Cisco 交换机默认是打开 STP 的，在 STP 的作用下，MS0 的 Fa0/1 端口被阻塞，不能进行转发。

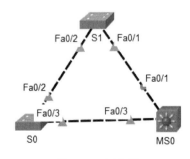

图 3-36　拓扑图

（2）查看交换机的 STP 信息。

交换机 S0 的 STP 信息：

```
S0#show spanning-tree
VLAN0001
```

```
Spanning tree enabled protocol ieee
Root ID     Priority 32769
Address 0002.4A6D.D33B
This bridge is the root
Hello Time 2 sec Max Age 20 sec Forward Delay 15 sec
Bridge ID Priority 32769 (priority 32768 sys-id-ext 1)
Address 0002.4A6D.D33B
Hello Time 2 sec Max Age 20 sec Forward Delay 15 sec
Aging Time 20
Interface     Role    Sts     Cost     Prio.Nbr     Type
---------     ----    ---     -----    --------     --------------------------------
Fa0/3         Desg    FWD     19       128.3        P2p
Fa0/2         Desg    FWD     19       128.2        P2p
```

可以看出，S0 中 Root ID 和 Bridge ID 的地址相同，所以 S0 就是当前 VLAN 1 广播域中的根桥，其两个端口均处于转发状态。

交换机 S1 的 STP 信息如下：

```
S1#show spanning-tree
VLAN0001
Spanning tree enabled protocol ieee
Root ID Priority 32769
Address 0002.4A6D.D33B
Cost 19
Port 2(FastEthernet0/2)
Hello Time 2 sec Max Age 20 sec Forward Delay 15 sec
Bridge ID Priority 32769 (priority 32768 sys-id-ext 1)
Address 0030.F258.103A
Hello Time 2 sec Max Age 20 sec Forward Delay 15 sec
Aging Time 20
Interface     Role    Sts     Cost     Prio.Nbr     Type
---------     ----    ---     -----    --------     --------------------------------
Fa0/1         Desg    FWD     19       128.1        P2p
Fa0/2         Root    FWD     19       128.2        P2p
```

从以上信息可以看出，S1 中 Root ID 和 Bridge ID 的地址不相同，所以 S1 不是当前 VLAN 1 广播域中的根桥，其 Fa0/2 端口是根端口，通往根桥，两个端口均处于转发状态。

交换机 MS0 的 STP 信息如下：

```
MS0#show spanning-tree
```

```
VLAN0001
Spanning tree enabled protocol ieee
Root ID Priority 32769
        Address 0002.4A6D.D33B
        Cost 19
        Port 3(FastEthernet0/3)
        Hello Time 2 sec Max Age 20 sec Forward Delay 15 sec
Bridge ID Priority 32769 (priority 32768 sys-id-ext 1)
        Address 00D0.BC71.3D3B
        Hello Time 2 sec Max Age 20 sec Forward Delay 15 sec
        Aging Time 20
Interface      Role    Sts     Cost    Prio.Nbr     Type
----------     ----    ---     -----   --------     -------------------
Fa0/1          Altn    BLK     19      128.1        P2p
Fa0/3          Root    FWD     19      128.3        P2p
```

显然，该三层交换机不是根桥，其 Fa0/3 端口是根端口，通向根桥，而 Fa0/1 端口被阻塞，这样就形成一种逻辑上的树形结构，防止了环路。如果将 Fa0/3 端口 shutdown，则 Fa0/1 端口将从 BLK 状态切换到 FWD 状态。这样，网络的实际拓扑就变成为如图 3-37 所示的结构。

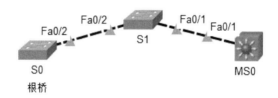

图 3-37　网络的实际拓扑

（3）调整优先级，使三层交换机 MS0 成为根桥。

在 MS0 中做如下配置，指定三层交换机为 VLAN 1 的根桥。

```
MS0(config)#spanning-tree vlan 1 root primary
```

执行上述命令后，再次查看生成树信息。

```
MS0#show spanning-tree
VLAN0001
Spanning tree enabled protocol ieee
Root ID Priority 24577
        Address 00D0.BC71.3D3B
        This bridge is the root
        Hello Time 2 sec Max Age 20 sec Forward Delay 15 sec
```

```
Bridge ID Priority 24577 (priority 24576 sys-id-ext 1)
Address 00D0.BC71.3D3B
Hello Time 2 sec Max Age 20 sec Forward Delay 15 sec
Aging Time 20
Interface    Role    Sts    Cost    Prio.Nbr    Type
----------   ----    ---    -----   --------    ------------------------
Fa0/1        Desg    FWD    19      128.1       P2p
Fa0/3        Desg    FWD    19      128.3       P2p
```

通过对比可以发现，MS0 已经成为根桥，其优先级数字变小了，意味着优先级提高了。同时其两个端口都变为 FWD 状态。调整后的拓扑如图 3-38 所示。可以看到，S1 的 Fa0/2 变为阻塞状态。

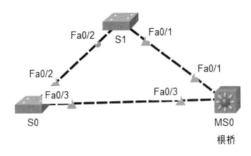

图 3-38　调整后的拓扑图

也可以通过直接改变优先级数字来达到目的。比如，在 MS0 中执行如下命令也可将 MS0 改为根桥。

```
MS0(config)#spanning-tree vlan 1 priority 4096
```

实验 7：以太通道配置

1. 实验目的

（1）理解以太通道的目的和作用。

（2）掌握以太通道的要求和条件。

（3）掌握以太通道的配置。

2. 以太通道基础知识

以太通道（EthernetChannel）是交换机将多个物理端口聚合成一个逻辑端口，可将其理解为一个端口。通过端口聚合，可以提高交换机间的带宽。例如，当 2 个 100Mbps 带宽的端口聚合后，就可生成 1 个 200Mbps 带宽的逻辑端口。在某种情况下，当带宽不够而又有多余端口时，可以通过聚合来满足需求，节省费用。

一个以太通道内的几个物理端口还可以实现负载均衡，当某个端口出现故障时，逻辑端口内的其他端口将自动承载其余的流量。

参与聚合的各端口必须具有相同的属性，如速率、trunk 模式和单双工模式等。

端口聚合可以采用手工方式配置，也可使用动态协议来聚合。PAgP 端口聚合协议是 Cisco 专有的协议，LACP 协议是公共的标准。

常用配置命令如表 3-5 所示。

表 3-5　常用配置命令

命令格式	含　义
interface port-channel 聚合逻辑端口号	用来在全局配置模式下创建聚合端口号，如 switch(config)#int port-channel 1，该命令创建聚合逻辑端口号 1
channel-group 聚合逻辑端口号 mode on {auto | desirable}	该命令在接口模式下用来应用聚合端口。有三种模式可选，其中 auto 表示交换机被动形成一个聚合端口，不发送 PAgP 分组，是默认值。on 表示不发送 PAgP 分组。desirable 表示发送 PAgP 分组
port-channel load-balance 负载平衡方式	可按源 IP 地址、目的 IP 地址、源 MAC 地址、目的 MAC 地址进行负载平衡
show interfaces ethernetchannel	用来查看以太通道状态
show ethernetchannel summary	查看以太通道汇总信息

3. 实验流程

本实验配置以太通道，将 3 个 100Mbps 带宽的物理端口聚合为 1 个 300Mbps 带宽的以太通道。实验流程如图 3-39 所示。

图 3-39　实验流程图

4. 实验步骤

（1）布置拓扑。

如图 3-40 所示，拓扑中两台交换机的 Fa0/1、Fa0/2 和 Fa0/3 三个端口分别对应连接，但只有一条链路是通的，这是因为生成树默认开启的原因，另两条链路被阻塞了。

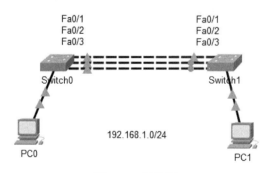

图 3-40　拓扑图

（2）配置以太通道。

通过配置以太通道，使连接交换机的 3 条链路全部起作用，如图 3-41 所示。

交换机 Switch0：

```
Switch>en
Enter configuration commands, one per line. End with CNTL/Z.
Switch(config)#hostname Switch0
Switch0(config)#int port-channel 5
//创建以太通道 5，通道范围为 1-48
Switch0(config-if)#exit
Switch0(config)#int range f0/1-3
//同时进入 3 个端口
Switch0(config-if-range)#channel-group 5 mode on
//将 3 个物理端口加入到以太通道 5 中
Switch0(config)#port-channel load-balance ?
//下面为负载均衡可选项，顾名思义
dst-ip Dst IP Addr
dst-mac Dst Mac Addr
src-dst-ip Src XOR Dst IP Addr
src-dst-mac Src XOR Dst Mac Addr
src-ip Src IP Addr
src-mac Src Mac Addr
Switch0(config)#port-channel load-balance src-mac
//选择按源 MAC 地址负载均衡
Switch0(config)#int port-channel 5
Switch0(config-if)#switch mode trunk
//将以太通道设为中继模式
```

交换机 Switch1：

```
Switch>en
Switch#conf t
Enter configuration commands, one per line. End with CNTL/Z.
Switch(config)#hostname Switch1
Switch1(config)#int port-channel 5
Switch1(config-if)#exit
Switch1(config)#int range f0/1-3
Switch1(config-if-range)#channel-group 5 mode on
Switch1(config-if-range)#exit
Switch1(config)#port-channel load-balance src-mac
```

```
Switch1(config)#int port-channel 5
Switch1(config-if)#switch mode trunk
```

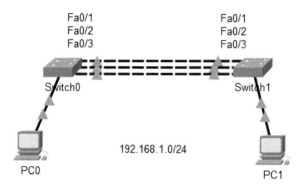

图 3-41　配置以太通道

（3）验证两台主机能否 ping 通。

省略。

（4）查看以太通道的汇总信息。

交换机 Switch0 的信息如下：

```
Switch0#show etherchannel summary
Flags:  D - down         P - in port-channel
I - stand-alone      s - suspended
H - Hot-standby (LACP only)
R - Layer3           S - Layer2
U - in use           f - failed to allocate aggregator
u - unsuitable for bundling
w - waiting to be aggregated
d - default port
Number of channel-groups in use: 1
Number of aggregators: 1
Group   Port-channel      Protocol       Ports
------+-------------+-----------+------------------------------------
5       Po5(SU)           -              Fa0/1(P) Fa0/2(P) Fa0/3(P)
```

第4章 网络层

实验1：路由器IP地址配置及直连网络

1. 实验目的

（1）理解IP地址。
（2）掌握路由器端口IP地址的配置方法。
（3）理解路由器的直连网络。

2. 基础知识

IP地址是网络层中使用的地址，不管网络层下面是什么网络，或是什么类型的接口，在网络层看来，它只是一个可以用IP地址代表的接口地址而已。网络层依靠IP地址和路由协议将数据报送到目的IP主机。既然是一个地址，那么一个IP地址就只能代表一个接口，否则会造成地址的二义性；接口则不同，一个接口可以配多个IP地址，这并不会造成地址的二义性。

路由器是互联网的核心设备，它在IP网络间转发数据报，这使得路由器的每个接口都连接一个或多个网络，而两个接口却不可以代表一个网络。路由器的一个配置了IP地址的接口所在的网络就是路由器的直连网络。对于直连网络，路由器并不需要额外对其配置路由，当其接口被激活后，路由器会自动将直连网络加入到路由表中。

常用配置命令如表4-1所示。

表4-1　常用配置命令

命令格式	含　义
ip address IP地址 子网掩码	在接口模式下给当前接口配置IP地址，如 ip address 192.168.1.1 255.255.255.0
show ip route	在特权模式下查看路由器的路由表
do show ip route	在非特权模式下查看路由器的路由表
no shutdown	在接口模式下激活当前接口

3. 实验流程

实验流程如图4-1所示。

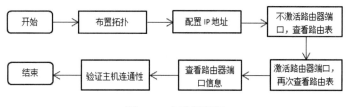

图4-1　实验流程图

4. 实验步骤

（1）布置拓扑，如图 4-2 所示，路由器连接了两个网络，通过 g0/0 端口连接网络 192.168.1.0/24，通过 g0/1 端口连接网络 192.168.2.0/24，这两个网络都属于路由器的直连网络。

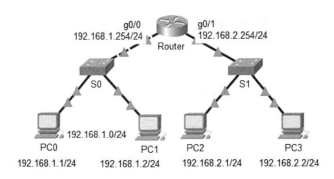

图 4-2　拓扑图

（2）配置路由器的 IP 地址。

```
Router>enable
Router#configure terminal
Enter configuration commands, one per line. End with CNTL/Z.
Router(config)#interface GigabitEthernet0/0
Router(config-if)#ip address 192.168.1.254 255.255.255.0
Router(config-if)#exit
Router(config)#interface GigabitEthernet0/1
Router(config-if)#ip address 192.168.2.254 255.255.255.0
Router(config-if)#end
```

（3）查看路由表。

```
Router#show ip route    //查看路由表，可以看到路由表是空的
Codes: L - local, C - connected, S - static, R - RIP, M - mobile, B - BGP
D - EIGRP, EX - EIGRP external, O - OSPF, IA - OSPF inter area
N1 - OSPF NSSA external type 1, N2 - OSPF NSSA external type 2
E1 - OSPF external type 1, E2 - OSPF external type 2, E - EGP
i - IS-IS, L1 - IS-IS level-1, L2 - IS-IS level-2, ia - IS-IS inter area
* - candidate default, U - per-user static route, o - ODR
P - periodic downloaded static route
Gateway of last resort is not set
```

（4）激活端口。

```
Router#configure terminal
Router(config)#interface GigabitEthernet0/1
Router(config-if)#no shutdown    //激活端口
Router(config-if)#exit
Router(config)#interface GigabitEthernet0/0
Router(config-if)#no shutdown
```

（5）查看路由表，观察路由表的变化，注意 C 打头的路由条目为直连路由。

```
Router(config-if)#do show ip route //查看路由表
Codes: L - local, C - connected, S - static, R - RIP, M - mobile, B - BGP
D - EIGRP, EX - EIGRP external, O - OSPF, IA - OSPF inter area
N1 - OSPF NSSA external type 1, N2 - OSPF NSSA external type 2
E1 - OSPF external type 1, E2 - OSPF external type 2, E - EGP
i - IS-IS, L1 - IS-IS level-1, L2 - IS-IS level-2, ia - IS-IS inter area
* - candidate default, U - per-user static route, o - ODR
P - periodic downloaded static route
Gateway of last resort is not set
192.168.1.0/24 is variably subnetted, 2 subnets, 2 masks
C 192.168.1.0/24 is directly connected, GigabitEthernet0/0 //直连路由
L 192.168.1.254/32 is directly connected, GigabitEthernet0/0  //路由器的IP
192.168.2.0/24 is variably subnetted, 2 subnets, 2 masks
C 192.168.2.0/24 is directly connected, GigabitEthernet0/1
L 192.168.2.254/32 is directly connected, GigabitEthernet0/1
```

（6）查看端口信息。

```
Router#show int g0/0     //查看端口信息
GigabitEthernet0/0 is up, line protocol is up (connected)
Hardware is CN Gigabit Ethernet, address is 0005.5e92.5401 (bia 0005.5e92.5401)
Internet address is 192.168.1.254/24
MTU 1500 bytes, BW 1000000 Kbit, DLY 10 usec,
reliability 255/255, txload 1/255, rxload 1/255
Encapsulation ARPA, loopback not set
Keepalive set (10 sec)
Full-duplex, 100Mb/s, media type is RJ45
output flow-control is unsupported, input flow-control is unsupported
ARP type: ARPA, ARP Timeout 04:00:00,
Last input 00:00:08, output 00:00:05, output hang never
Last clearing of "show interface" counters never
```

```
Input queue: 0/75/0 (size/max/drops); Total output drops: 0
Queueing strategy: fifo
Output queue :0/40 (size/max)
5 minute input rate 0 bits/sec, 0 packets/sec
5 minute output rate 0 bits/sec, 0 packets/sec
0 packets input, 0 bytes, 0 no buffer
```

（7）验证连通性。

从主机端使用 ping 命令来测试网络的连通性。

另外，若把 g0/1 端口配置 IP 地址为 192.168.1.3/24，则会弹出出错提示框，如图 4-3 所示，该 IP 和 g0/0 端口有重叠。也就是说，不同路由器端口所连接的不能是同一个网络。

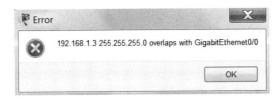

图 4-3　出错提示框

实验 2：ARP 协议分析

1. 实验目的

（1）理解 ARP 协议的作用。

（2）理解 ARP 协议的工作方式。

2. 基础知识

互联网常被解释为"网络的网络"，其思想是把所有的网络都统一到一个网络中来，用一种统一的地址（IP 地址），在路由协议的作用下实现互联。但这里有一个重要问题，互联网是基于 IP 网络去路由的，而被互联网连接起来的其他网络，如以太网，它们内部是使用自己的 MAC 地址去寻址的，当到达一个以太网的网段时，就需要知道目的 IP 地址对应的 MAC 地址，这样，才能最终将数据包送到目的地。实际上，这样的过程一直存在。

ARP 协议用来解决局域网内一个广播域中的 IP 地址和 MAC 地址的映射问题。其中，ARP 请求是广播分组，该广播域内的主机都可以收到，ARP 响应是单播分组，由响应主机直接发给请求主机，详细解释参考《计算机网络》（第 8 版）教材 4.2.4 节。其分组格式如图 4-4 所示，这里不再描述。

为了提高效率，避免 ARP 请求占用过多的网络资源，主机或路由器都设置有 ARP 高速缓存，用来将请求得到的映射保存起来，以备下次需要时直接使用。该缓存设有时间限制，防止因地址改变导致不能及时更新，造成发送失败的情况。

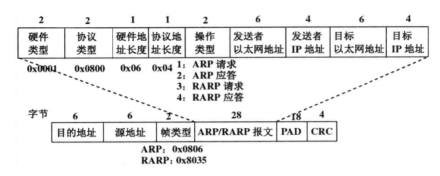

图 4-4　分组格式

当然，如果源主机本身发送的就是广播分组，或双方使用的是点对点的链路，就无须发起 ARP 请求了。

看下面的例子，两台主机经过了 3 台路由器连接，接口均使用快速以太网接口。由 PC0 到 PC1 的分组发送过程中共经历了 4 次 ARP 请求，如图 4-5 所示。在此过程中，源和目的 IP 地址是始终不变的，而源和目的 MAC 地址在不同的二层广播域中会改变。

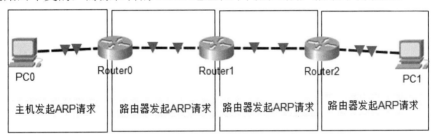

图 4-5　两台主机经过了 3 台路由器连接

3. 实验流程

实验流程图如图 4-6 所示。

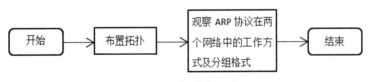

图 4-6　实验流程图

4. 实验步骤

（1）布置拓扑，如图 4-7 所示，路由器连接了两个网络，通过 g0/0 端口连接网络 192.168.1.0/24，通过 g0/1 端口连接网络 192.168.2.0/24，这两个网络都属于路由器的直连网络。

切换到模拟模式下，只选中 ARP 协议。

（2）由 PC0 ping PC3，观察 ARP 分组的走向及结构，如图 4-8 所示。由于目的 IP 地址和源 IP 地址不在同一网络中，所以，PC0 首先应将 IP 分组发送给自己的网关，即路由器。这样，PC0 须通过 ARP 请求分组得到网关的 MAC 地址，用于发往网关的链路层封装。当 PC0 得到网关的 MAC 地址后，会将其添加到自己的 ARP 高速缓存中，在生存期内再次访问网关时，就不需要发出对网关的 ARP 请求了。

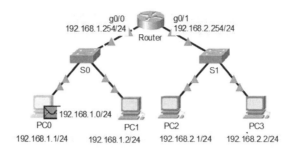

图 4-7 拓扑图

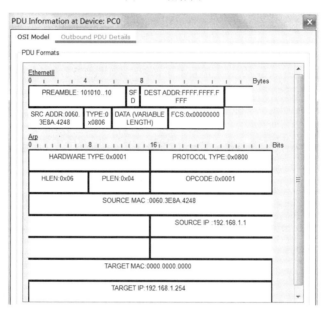

图 4-8 观察 ARP 分组的走向及结构

此处 PC0 生成 ARP 请求分组，该分组将通过交换机被广播到 PC1 和 Router。PC1 会将其丢弃，只有 Router 会收下该请求分组，并做出响应，如图 4-9 所示。

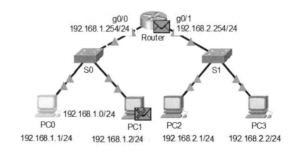

图 4-9 Router 会收下该请求分组，并做出响应

路由器收下请求分组，将 PC0 的 IP 地址和 MAC 地址记入 ARP 高速缓存，并生成 ARP 的响应分组，将其以单播的形式发送给 PC0，如图 4-10 所示。

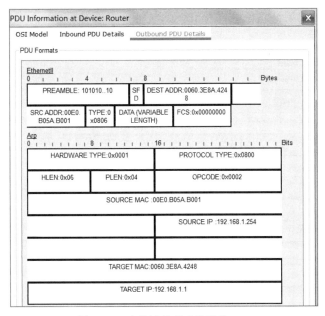

图 4-10　以单播的形式发送给 PC0

　　PC0 收到该响应分组后，就得到了网关（192.168.1.254）的 MAC 地址。接着主机封装网关的 MAC 地址，并将分组发送给网关，即路由器的 g0/0 端口。而路由器会查询路由表，分组将从 g0/1 端口被转发出去，这样，在 g0/1 端口处封装 MAC 帧时，就需要目的 IP 地址 192.168.2.2 的 MAC 地址。由于是第一次，其缓存中并没有保存该 IP 对应的 MAC 地址，所以，需要发出 ARP 请求分组来获得需要的 MAC 地址，如图 4-11 和图 4-12 所示。观察该请求分组的广播域。

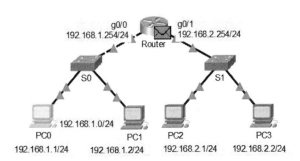

图 4-11　分组将从 g0/1 端口被转发出去

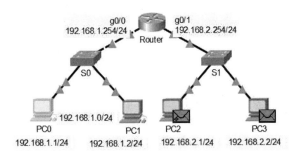

图 4-12　发到目的地址

路由器的 PC3 处封装的 ARP 分组如图 4-13 和图 4-14 所示。

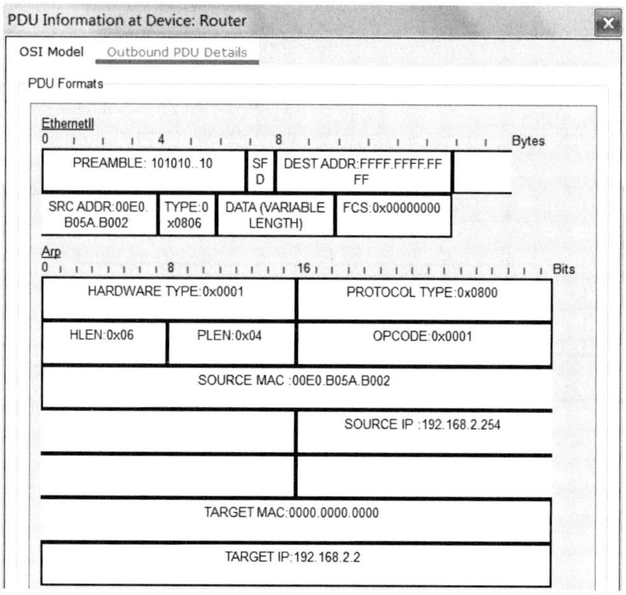

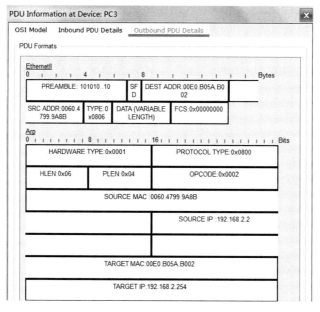

图 4-13　路由器的 PC3 处封装的 ARP 分组 1

图 4-14　路由器的 PC3 处封装的 ARP 分组 2

实验 3：静态路由与默认路由配置

1. 实验目的

（1）理解静态路由的含义。

（2）掌握路由器静态路由的配置方法。

（3）理解默认路由的含义。

（4）掌握默认路由的配置方法。

2. 基础知识

静态路由是指路由信息由管理员手工配置，而不是路由器通过路由算法和其他路由器学习得到。所以，静态路由主要适合网络规模不大、拓扑结构相对固定的网络使用，当网络环境比较复杂时，由于其拓扑或链路状态相对容易变化，就需要管理员再手工改变路由，这对管理员来说是一个烦琐的工作，且网络容易受人的影响，对管理员来说，不论技术上还是纪律上都有更高的要求。

默认路由也是一种静态路由，它位于路由表的最后，当数据报与路由表中前面的表项都不匹配时，数据报将根据默认路由转发。这使得其在某些时候是非常有效的，例如，在末梢网络中，默认路由可以大大简化路由器的项目数量及配置，减轻路由器和网络管理员的工作负担。可见，静态路由优先级高于默认路由。

常用配置命令如下所示。

- 配置静态路由格式：

```
R0(config)#ip route 目的网络号 目的网络掩码 下一跳 IP 地址
```

- 配置默认路由格式：

```
R0(config)#ip route 0.0.0.0 0.0.0.0 下一跳 IP 地址
```

3. 实验流程

本实验配置静态路由和默认路由，要求各 IP 全部可达。实验流程如图 4-15 所示。

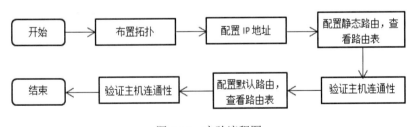

图 4-15　实验流程图

4. 实验步骤

（1）布置拓扑，如图 4-16 所示，并按表 4-2 配置 IP 地址。

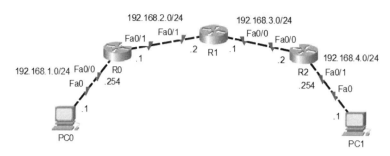

图 4-16　拓扑图

表 4-2　配置 IP 地址

设备名称	端口	IP 地址	默认网关
路由器 R0	Fa0/0	192.168.1.254/24	
	Fa0/1	192.168.2.1/24	
路由器 R1	Fa0/0	192.168.3.1/24	
	Fa0/1	192.168.2.2/24	
路由器 R2	Fa0/0	192.168.3.2/24	
	Fa0/1	192.168.4.254/24	
PC0	Fa0	192.168.1.1/24	192.168.1.254
PC1	Fa0	192.168.4.1/24	192.168.4.254

（2）静态路由配置。

路由器 R0 配置：

对于路由器 R0 来说，其有两个直连网络，分别是 192.168.1.0/24 和 192.168.2.0/24，这两个网络不需要配置静态路由。R0 不知道的是 192.168.3.0/24 和 192.168.4.0/24 这两个网络的路由，所以，需要在 R0 上配置这两个静态路由，这需要管理员人工判断下一跳地址。配置如下。

```
R0(config)#ip route 192.168.3.0 255.255.255.0 192.168.2.2
R0(config)#ip route 192.168.4.0 255.255.255.0 192.168.2.2
```

路由器 R1 配置：

```
R1(config)#ip route 192.168.1.0 255.255.255.0 192.168.2.1
R1(config)#ip route 192.168.4.0 255.255.255.0 192.168.3.2
```

路由器 R2 配置：

```
R2(config)#ip route 192.168.1.0 255.255.255.0 192.168.3.1
R2(config)#ip route 192.168.2.0 255.255.255.0 192.168.3.1
```

查看路由器的路由表，以 R1 为例，其中 S 开头的为静态路由，C 开头的为直连路由。R0 和 R2 的路由表请自行分析。

```
S 192.168.1.0/24 [1/0] via 192.168.2.1
C 192.168.2.0/24 is directly connected, FastEthernet0/1
C 192.168.3.0/24 is directly connected, FastEthernet0/0
S 192.168.4.0/24 [1/0] via 192.168.3.2
```

由 PC0 ping PC1，验证是否能 ping 通。

（3）默认路由配置。

对于路由器 R0 来说，其有两个直连网络，分别是 192.168.1.0/24 和 192.168.2.0/24，这两个网络不需要配置路由。通过前面的静态路由可知，R0 去 192.168.3.0/24 和 192.168.4.0/24 这两个网络的下一跳都是 192.168.2.2，所以，这两个静态路由可以由一条指向 192.168.2.2 的默认路由代替。在前面配置的基础上，将静态路由删除（静态路由前面加 no），再增加一条默认路由即可。

```
R0(config)#no ip route 192.168.3.0 255.255.255.0 192.168.2.2
R0(config)#no ip route 192.168.4.0 255.255.255.0 192.168.2.2
R0(config)#ip route 0.0.0.0 0.0.0.0 192.168.2.2
```

路由器 R2 的配置与 R0 同理。

```
R2(config)#no ip route 192.168.1.0 255.255.255.0 192.168.3.1
R2(config)#no ip route 192.168.2.0 255.255.255.0 192.168.3.1
R2(config)#ip route 0.0.0.0 0.0.0.0 192.168.3.1
```

查看路由器的路由表，以 R0 为例，其中，以 S*开头的为默认路由。

```
Gateway of last resort is 192.168.2.2 to network 0.0.0.0
C 192.168.1.0/24 is directly connected, FastEthernet0/0
C 192.168.2.0/24 is directly connected, FastEthernet0/1
S* 0.0.0.0/0 [1/0] via 192.168.2.2
```

由 PC0 ping PC1，验证是否能 ping 通。

实验 4：RIP 路由协议配置

1. 实验目的

（1）理解 RIP 路由的原理。
（2）掌握 RIP 路由的配置方法。

2. 基础知识

RIP（Routing Information Protocols）属于内部网关协议（IGP），用于一个自治系统内部，

是一种基于距离向量的分布式的路由选择协议，实现简单，应用较为广泛。其中文名称为路由信息协议，但却很少被提及，更多的是使用更为简洁的英文简称来代替。

RIP 是在 20 世纪 70 年代从美国的 Xerox 公司开发的早期协议——网关信息协议（GWINFO）中逐渐发展而来的，对应于 RFC 1058，紧接着又开发了 RIPv2 协议和应用于 IPv6 的 RIPng 协议，共 3 个版本。由于 RIP 不支持子网及跳数太少等原因，实际上常用的是 RIPv2 版本。可从以下几方面理解 RIP 的特点。

（1）在 RIP 协议中，距离最短的路由就是最好的路由。RIP 协议对距离的度量是跳数，初始的直连路由距离为 1，此后每经过一台路由器，跳数就加 1，这样，经过的路由器数量越多，距离也就越长。RIP 规定，一条路由最大的跳数为 15，也就是最大距离为 16，距离超出 16 的路由被认为不可达，会被删除。

（2）RIP 中路由的更新是通过定时广播实现的，接收对象为邻居。在默认情况下，路由器每隔 30 秒向与它相连的网络广播自己的路由表，接到广播的路由器将收到的信息按一定算法添加到自身的路由表中。每个路由器都这样广播，最终网络上所有的路由器都会得知全部 RIP 范围的路由信息。

（3）环路的解决方法：在 RIP 中也存在环路问题，如好消息传播得快，坏消息传播得慢。解决办法通常有以下几种。

①定义最大跳数。比如，将 TTL 值设为 16，如果分组陷入路由循环中，则跳数耗尽后就会被消灭，在 RIP 中就被视为网络不可达而被删除。

②水平分割。水平分割即单向路由更新，它保证路由器记住每一条路由信息的来源，并且不在收到这条信息的端口上再次发送它，这是不产生路由循环的最基本措施。A 从 B 处得到一个网络的路由信息，A 不会向 B 更新该网络可以通过 B 到达的信息。这样，当该网络出现故障不可达时，B 会将路由信息通告给 A，而 A 则不会把可以通过 B 到达该网络的路由信息通告给 B。如此便可以加快网络收敛，破坏路由环路。

③路由毒化。当某直连网络发生故障时，路由器将其度量值标为无穷大，并将此路由信息通告给邻居，邻居再向其邻居通告，依次毒化各路由器，从而避免环路。

④控制更新时间。也称抑制计时，当一条路由信息无效之后，就在一段时间内使这条路由处于抑制状态，即不再接收关于相同目的地址的路由更新。显然，当一个网络频繁地在有效和无效间切换时，往往是有问题的，这时，将该网络的路由信息在一定时间内不更新，可以增加网络的稳定性，避免路由振荡，是合理的。

（4）RIPv1 和 RIPv2 的主要区别如下：

①RIPv1 是有类路由协议，RIPv2 是无类路由协议。

②RIPv1 不能支持 VLSM，RIPv2 可以支持 VLSM。

③RIPv1 没有认证的功能，RIPv2 可以支持认证，并且有明文和 MD5 两种认证。

④RIPv1 没有手工汇总的功能，RIPv2 可以在关闭自动汇总的前提下进行手工汇总。

⑤RIPv1 是广播更新，RIPv2 是组播更新。

⑥RIPv1 对路由没有打标记的功能，RIPv2 可以对路由打标记（tag），用于过滤和制定策略。

详细内容参考《计算机网络》（第 8 版）教材 4.6.2 节。

（5）RIP 协议常用配置命令。

常用配置命令如表 4-3 所示。

表 4-3 常用配置命令

命令格式	含 义
hostname 路由器名称	配置路由器名称
router rip	启动 RIP 路由协议
version 版本号	设置 RIP 版本，可为 1 或者 2
network 网络号	网络号应为路由器直连的网络号，是分类网络号
debug ip rip	显示 RIP 路由的动态更新
auto-summary	路由汇总
show ip protocols	显示路由协议配置与统计等信息
passive-interface 端口名	将端口设置为被动端口，此端口不再发送路由信息

3. 实验流程

实验流程如图 4-17 所示。

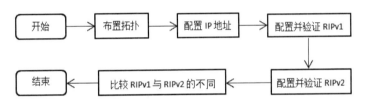

图 4-17 实验流程图

4. RIPv1 实验步骤

（1）布置拓扑，如图 4-18 所示，并按表 4-4 配置各设备的 IP 地址。

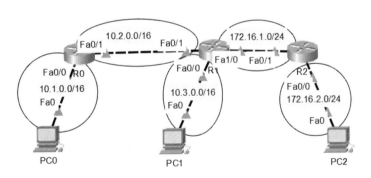

图 4-18 拓扑图

表 4-4 配置各设备的 IP 地址

设备名称	端口	IP 地址	默认网关
路由器 R0	Fa0/0	10.1.0.254/16	
	Fa0/1	10.2.0.1/16	

设备名称	端口	IP 地址	默认网关
路由器 R1	Fa0/0	10.3.0.254/16	
	Fa0/1	10.2.0.2/16	
	Fa1/0	172.16.1.1/24	
路由器 R2	Fa0/0	172.16.2.254/24	
	Fa0/1	172.16.1.2/24	
PC0	Fa0	10.1.0.1/16	10.1.0.254/16
PC1	Fa0	10.3.0.1/16	10.3.0.254/16
PC2	Fa0	172.16.2.1/24	172.16.2.254/24

（2）在路由器上配置 RIPv1 路由。

配置 R0 的路由：

```
R0(config)#router rip
R0(config-router)#version 1
R0(config-router)#network 10.1.0.0
R0(config-router)#network 10.2.0.0
```

配置 R1 的路由：

```
R1(config)#router rip
R1(config-router)#version 1
R1(config-router)#network 10.2.0.0
R1(config-router)#network 10.3.0.0
R1(config-router)#network 172.16.1.0
```

配置 R2 的路由：

```
R2(config)#router rip
R2(config-router)#version 1
R2(config-router)#network 172.16.1.0
R2(config-router)#network 172.16.2.0
```

（3）查看路由器的路由表。

查看 R0 的路由表：

```
R0#show ip route
10.0.0.0/16 is subnetted, 3 subnets
C 10.1.0.0 is directly connected, FastEthernet0/0
C 10.2.0.0 is directly connected, FastEthernet0/1
R 10.3.0.0 [120/1] via 10.2.0.2, 00:00:07, FastEthernet0/1
R 172.16.0.0/16 [120/1] via 10.2.0.2, 00:00:07, FastEthernet0/1
```

在该拓扑中共有 5 个网络，R0 中只显示了 4 个，其中 172.16.0.0/16 是 R1 将 172.16.1.0/24

和 172.16.2.0/24 汇总的结果，汇总后再发送给 R0。路由汇总默认是开启的，也可以使用命令 no auto-summary 将自动汇总关闭。

查看路由器 R0 的 RIP 协议配置信息及 RIP 的一些参数：

```
R0#show ip protocols
Routing Protocol is "rip"
Sending updates every 30 seconds, next due in 18 seconds
Invalid after 180 seconds, hold down 180, flushed after 240
//RIP 的时间参数
Outgoing update filter list for all interfaces is not set
Incoming update filter list for all interfaces is not set
Redistributing: rip
Default version control: send version 1, receive 1
Interface          Send    Recv Triggered RIP Key-chain
FastEthernet0/0     1       1
FastEthernet0/1     1       1
//各接口发送和接收路由信息的统计次数
Automatic network summarization is in effect
Maximum path: 4
Routing for Networks:
10.0.0.0
//路由的网络号
Passive Interface(s):
Routing Information Sources:
Gateway  Distance   Last Update
10.2.0.2    120          00:00:14
//路由的源信息
Distance: (default is 120)
```

查看 R1 的路由表：

```
R1#show ip route
10.0.0.0/16 is subnetted, 3 subnets
R 10.1.0.0 [120/1] via 10.2.0.1, 00:00:17, FastEthernet0/1
C 10.2.0.0 is directly connected, FastEthernet0/1
C 10.3.0.0 is directly connected, FastEthernet0/0
172.16.0.0/24 is subnetted, 2 subnets
C 172.16.1.0 is directly connected, FastEthernet1/0
R 172.16.2.0 [120/1] via 172.16.1.2, 00:00:09, FastEthernet1/0
```

共 5 条路由，其中网络 10.1.0.0/16 和 172.16.2.0/24 是通过 RIP 学习得到的。

查看 R2 的路由表：

```
R2#show ip route
R 10.0.0.0/8 [120/1] via 172.16.1.1, 00:00:18, FastEthernet0/1
172.16.0.0/24 is subnetted, 2 subnets
C 172.16.1.0 is directly connected, FastEthernet0/1
C 172.16.2.0 is directly connected, FastEthernet0/0
```

R2 中只有一条路由是通过 RIP 学习得到的，而且学到的是通过汇总后的路由。

（4）查看 RIP 路由的动态更新。

查看 R0 的 RIP 动态更新：

```
R0#debug ip rip
RIP protocol debugging is on
R0#RIP: received v1 update from 10.2.0.2 on FastEthernet0/1
10.3.0.0 in 1 hops
172.16.0.0 in 1 hops
//从 Fa0/1 端口收到来自 10.2.0.2（路由器 R1）的 RIPv1 的更新包，内容如上所示
RIP: sending v1 update to 255.255.255.255 via FastEthernet0/0 (10.1.0.254)
RIP: build update entries
network 10.2.0.0 metric 1
network 10.3.0.0 metric 2
network 172.16.0.0 metric 2
```

//通过 Fa0/0 端口广播发送生成的 RIPv1 的更新包，内容如上所示。请注意观察，这个更新包是路由器刚刚收到 R1 传来的更新包后，根据距离向量算法重新生成的路由（详细算法请参阅《计算机网络》（第 8 版）教材 4.6.2 节第 160 页），再将其转发给邻居。这个邻居在这里是 PC0，实际上，对于主机来说，并不需要接收这样的路由更新。所以，可以将 Fa0/0 设置为被动接口，这样，路由器就不会从此接口发送路由更新了，但依旧可以接收更新包。如 R0(config-router)# passive-interface f0/0。运行此命令后，再次查看 RIP 的动态更新，将不会有从 Fa0/0 端口发送的更新，请自行验证

```
RIP: sending v1 update to 255.255.255.255 via FastEthernet0/1 (10.2.0.1)
RIP: build update entries
network 10.1.0.0 metric 1
```

//通过 Fa0/1 端口广播发送生成的 RIPv1 的更新包，内容如上所示。请注意这里只有 10.1.0.0 一个条目，而从 Fa0/0 端口发送的是 3 个路由条目。之所以如此，是因为在 RIP 中为了防环路进行了水平分割

另外，路由更新信息会霸屏，不需要时应及时将其关闭，运行如下命令即可：

```
R0#no debug ip rip
RIP protocol debugging is off
```

请自行解释并验证路由器 R1 和 R2 的路由更新信息。

（5）由 PC0 去 ping PC1 和 PC2，可以 ping 通，请自行验证。

5. RIPv2 实验步骤

为了体现与 v1 版本的区别，这里网络采用变长子网掩码来设计。拓扑中包含的 5 个网络如表 4-5 所示。

表 4-5　5 个网络

网络地址	子网掩码	第一个 IP 地址	最后一个 IP 地址
192.168.1.32	255.255.255.224	192.168.1.33	192.168.1.62
192.168.1.64	255.255.255.224	192.168.1.65	192.168.1.94
192.168.1.96	255.255.255.252	192.168.1.97	192.168.1.98
192.168.1.128	255.255.255.224	192.168.1.129	192.168.1.158
192.168.1.160	255.255.255.224	192.168.1.161	192.168.1.190

（1）按图 4-19 布置拓扑，并配置 IP 地址。这里将 PC 的 IP 地址设为网络的第一个可用的 IP 地址，网关设为网络的最后一个可用地址。连接两个路由器的网络为/30 的地址，具体 IP 地址设置如表 4-6 所示。

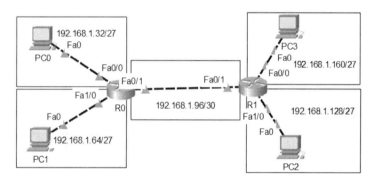

图 4-19　拓扑图

表 4-6　具体 IP 地址设置

设备名称	端口	IP 地址	默认网关
路由器 R0	Fa0/0	192.168.1.62/27	
	Fa0/1	192.168.1.97/30	
	Fa1/0	192.168.1.94/27	
路由器 R1	Fa0/0	192.168.1.190/27	
	Fa0/1	192.168.1.98/30	
	Fa1/0	192.168.1.158/27	
PC0	Fa0	192.168.1.33/27	192.168.1.62/27
PC1	Fa0	192.168.1.65/27	192.168.1.94/27
PC2	Fa0	192.168.1.129/27	192.168.1.158/27
PC3	Fa0	192.168.1.161/27	192.168.1.190/27

R0 的 IP 地址配置：

```
Router>enableRouter#configure terminal
Enter configuration commands, one per line. End with CNTL/Z.
Router(config)#hostname R0
R0(config)#interface FastEthernet1/0
R0(config-if)#no shutdown
R0(config-if)#ip address 192.168.1.94 255.255.255.224
R0(config-if)# interface FastEthernet0/0
R0(config-if)#no shutdown
R0(config-if)#ip address 192.168.1.62 255.255.255.224
R0(config-if)#interface FastEthernet0/1
R0(config-if)#ip address 192.168.1.97 255.255.255.252
R0(config-if)#no shutdown
```

R1 的 IP 地址配置：

```
Router>enable
Router#configure terminal
Enter configuration commands, one per line. End with CNTL/Z.
Router(config)#hostname R1
R1(config)#interface FastEthernet0/1
R1(config-if)#ip address 192.168.1.98 255.255.255.252
R1(config-if)#no shutdown
R1(config)#interface FastEthernet1/0
R1(config-if)#ip address 192.168.1.158 255.255.255.224
R1(config-if)#no shutdown
R1(config)#interface FastEthernet0/0
R1(config-if)#ip address 192.168.1.190 255.255.255.224
R1(config-if)#no shutdown
```

（2）在路由器上配置 RIPv2 路由。

R0 的路由配置：

```
R0(config)#router rip
R0(config-router)#version 2
R0(config-router)#network 192.168.1.32
R0(config-router)#network 192.168.1.64
R0(config-router)#network 192.168.1.96
R0(config-router)#no auto-summary
R0(config-router)#passive-interface f0/0
R0(config-router)#passive-interface f1/0
```

R1 的路由配置：

```
R1(config)#router rip
R1(config-router)#version 2
R1(config-router)#network 192.168.1.96
R1(config-router)#network 192.168.1.128
R1(config-router)#network 192.168.1.160
R1(config-router)#no auto-summary
R1(config-router)#passive-interface f0/0
R1(config-router)#passive-interface f1/0
```

这里将两台路由器 RIP 的自动汇总关闭（默认是开启的），并设置连接主机的两个接口为被动接口，不向主机发送 RIP 路由更新分组。

（3）查看路由器的路由表。

R0 的路由表：

```
R0#show ip route
192.168.1.0/24 is variably subnetted, 5 subnets, 2 masks
C 192.168.1.32/27 is directly connected, FastEthernet0/0
C 192.168.1.64/27 is directly connected, FastEthernet1/0
C 192.168.1.96/30 is directly connected, FastEthernet0/1
R 192.168.1.128/27 [120/1] via 192.168.1.98, 00:00:04, FastEthernet0/1
R 192.168.1.160/27 [120/1] via 192.168.1.98, 00:00:04, FastEthernet0/1
```

R1 的路由表：

```
R1#show ip route
192.168.1.0/24 is variably subnetted, 5 subnets, 2 masks
R 192.168.1.32/27 [120/1] via 192.168.1.97, 00:00:01, FastEthernet0/1
R 192.168.1.64/27 [120/1] via 192.168.1.97, 00:00:01, FastEthernet0/1
C 192.168.1.96/30 is directly connected, FastEthernet0/1
C 192.168.1.128/27 is directly connected, FastEthernet1/0
C 192.168.1.160/27 is directly connected, FastEthernet0/0
```

通过查看路由表可知，两台路由器的路由表均包含 5 个网络，其中 3 个是直连网络，另外 2 个是通过 RIP 得到的。

（4）查看 RIP 路由的动态更新。

R0 的路由动态更新：

```
R0#debug ip rip
RIP protocol debugging is on
```

```
R0#RIP: received v2 update from 192.168.1.98 on FastEthernet0/1
192.168.1.128/27 via 0.0.0.0 in 1 hops
192.168.1.160/27 via 0.0.0.0 in 1 hops
//从 FastEthernet0/1 口收到 RIPv2 的更新分组，注意是/27 的网络
RIP: sending v2 update to 224.0.0.9 via FastEthernet0/1 (192.168.1.97)
RIP: build update entries
192.168.1.32/27 via 0.0.0.0, metric 1, tag 0
192.168.1.64/27 via 0.0.0.0, metric 1, tag 0
//使用组播发送自己的路由信息分组，而 v1 版本是通过广播发送的。注意更新分组，RIP 使用了水
平切割。另外，由于将连接主机的接口定义为被动接口，所以此处没有发往主机的路由更新分组
```

R1 的动态路由更新：

```
R1#debug ip rip
RIP protocol debugging is on
R1#RIP: received v2 update from 192.168.1.97 on FastEthernet0/1
192.168.1.32/27 via 0.0.0.0 in 1 hops
192.168.1.64/27 via 0.0.0.0 in 1 hops
RIP: sending v2 update to 224.0.0.9 via FastEthernet0/1 (192.168.1.98)
RIP: build update entries
192.168.1.128/27 via 0.0.0.0, metric 1, tag 0
192.168.1.160/27 via 0.0.0.0, metric 1, tag 0
```

请自行分析 R1 中的路由动态更新，并结合距离向量算法，验证路由器的路由表。

（5）此时，主机间两两都可以 ping 通，请自行验证。

在本例中，如果配置 RIPv1 路由，则路由是不通的，这是因为 v2 版本支持 VLSM（变长子网掩码），而 v1 版本不支持 VLSM。如果将网络 192.168.1.96/30 改为网络 192.168.1.96/27，由于 5 个网络的掩码位数均相同，所以，不管使用 v1 版本还是 v2 版本，网络都是通的。请读者自行验证。

实验 5：OSPF 路由协议

1. 实验目的

（1）理解 OSPF。
（2）掌握 OSPF 的配置方法。
（3）掌握查看 OSPF 协议的相关信息。

2. 基础知识

OSPF（Open Shortest Path First）的中文名称为开放式最短路径优先，是一个内部网关协

议（IGP），用于在单一自治系统（AS）中决策路由，使用迪杰斯特拉（Dijkstra）提出的最短路径算法（SPF）生成路由表。OSPF 分为 OSPFv2 和 OSPFv3 两个版本，其中 OSPFv2 用于 IPv4 网络，OSPFv3 用于 IPv6 网络。

OSPF 有以下特点。

（1）OSPF 是链路状态协议。OSPF 将连接两个路由器的链路状态归结为一个度量或代价，以此来表示链路的时延、带宽、费用和距离等，可以由管理员配置其大小，范围为 1～65535，但很多时候并没有显式地配置，这时代价被默认为 100Mb/s 带宽。而 RIP 中只用跳数来衡量距离，而不考虑链路的状态。

（2）OSPF 使用最短路径算法（SPF）计算路由。OSPF 中的每一台路由器都会维护一个本区域的拓扑结构图（LSDB），路由器依据拓扑图中的节点和链路代价计算出一棵以自己为根的最短路径树，根据这棵树，就可以找到去往各目的网络的最短路径，并生成自己的路由表。由于 OSPF 使用最短路径树算法计算路由，故从算法本身保证了不会生成自环路由。

（3）OSPF 使用层次结构的区域划分。

①划分区域的理由。由于每一个路由器都会维护一个全网的拓扑结构，当网络规模达到一定程度时，拓扑结构势必形成一个庞大的数据库，这样会给 OSPF 计算最小路径算法带来比较大的压力。为了能够降低计算的复杂程度，OSPF 采用分区域计算，即将网络中所有 OSPF 路由器划分成不同的区域，每个区域负责各自区域精确的链路状态通告（LSA）传递与路由计算，然后再将一个区域的 LSA 简化和汇总之后转发到另外一个区域，这样一来，在区域内部，拥有网络精确的 LSA，而在不同区域，则传递简化的 LSA。

②区域的层次。区域分为骨干区域（BackBone Area）和标准区域（Normal Area）。其中，骨干区域位于顶层。一般来说，所有的标准区域应该直接和骨干区域相连，标准区域间的通信分组要通过骨干区域路由转发，标准区域只能和骨干区域交换链路状态通告（LSA），标准区域相互之间即使直连也无法互换 LSA。

③区域的命名可以采用整数数字，如 1、2、3 等，也可以采用 32 位 IP 地址的形式，如 0.0.0.1、0.0.0.2，需要注意的是骨干区域只能被命名为 0 区域，而不能是其他区域。

④OSPF 区域中路由器的区别。OSPF 区域是基于路由器的接口划分的，而不是基于整台路由器划分的，这样，一台路由器可以属于单个区域，也可以属于多个区域，如果一台 OSPF 路由器属于单个区域，即该路由器所有接口都属于同一个区域，那么这台路由器称为区域内部路由器（IR）。如果一台 OSPF 路由器属于多个区域，即该路由器的接口不都属于一个区域，那么这台路由器称为区域边界路由器（ABR），ABR 可以将一个区域的 LSA 汇总后转发至另一个区域。如果一台 OSPF 路由器代表本自治系统连接到外部自治系统的路由器上，那么这台路由器称为自治系统边界路由器（ASBR），它代表本 AS 与外部进行路由。

（4）负载平衡。OSPF 支持到同一目的地址的多条等值路由，以此实现负载平衡。

（5）收敛速度快。如果网络的拓扑结构发生变化，OSPF 立即洪泛发送更新报文，使这一变化快速在自治系统中同步，使路由快速收敛。

（6）OSPF 在描述路由时携带网段的掩码信息，所以其支持变长子网掩码 VLSM 和无分类编址 CIDR。

（7）支持验证。它支持基于接口的报文验证以保证路由计算的安全性。

（8）协议自身的开销控制较小。

①使用定期发送的 hello 报文来发现和维护邻居关系。hello 报文非常小，减小了网络资源的消耗。

②在可以多址访问的网络中，如广播网络（以太网）或 NBMA 网络（如 x.25、帧中继），通过选举 DR 和 BDR，使同网段的路由器之间的路由交换次数减少。DR 从邻居那里收到更新后，通过 LSA 通告给局域网上的所有邻居，使同一个局域网的 LSDB 都相同。

③在广播网络中，使用组播地址发送报文，这样可以减少对其他不运行 OSPF 的网络设备的干扰。

④在区域边界路由器 ABR 上支持路由聚合，进一步减少区域间的路由信息传递。

关于 OSPF 更详细的内容可参考《计算机网络》（第 8 版）教材 4.6.3 节。

常用配置命令如表 4-7 所示。

表 4-7　常用配置命令

命令格式	含　义
router ospf 进程号	全局配置模式下进入 OSPF 配置模式
router-id A.B.C.D	以 IP 地址的形式配置路由器的路由 ID
network 网络地址 通配符 area 区域号	通告直连网络及区域，通配符为网络掩码的反码
show ip protocols	查看路由协议配置与统计信息
show ip ospf	查看 OSPF 进程及区域细节的数据
show ip ospf database	查看路由器 OSPF 数据库信息
show ip ospf interface	查看接口 OSPF 信息
show ip ospf neighbor	查看 OSPF 邻居信息
debug ip ospf events	调试 OSPF 事件

3. 实验流程

实验流程如图 4-20 所示。

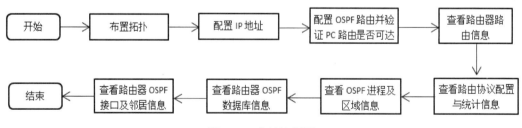

图 4-20　实验流程图

4. 单区域 OSPF 路由配置实验

单区域 OSPF 应用于网络规模不大、只使用 area 0 一个区域就可以满足需求的情况。

（1）布置拓扑，如图 4-21 所示，4 个路由器连接了 5 个网段，全部属于 area 0。其 IP 地址规划如表 4-8 所示。

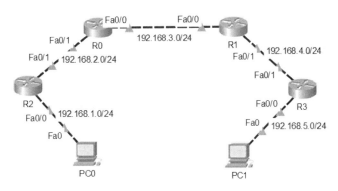

图 4-21 拓扑图

表 4-8 IP 地址规划

设备	接口名称	IP 地址	默认网关	区域（area）
路由器 R0	Fa0/0	192.168.3.1/24		0
	Fa0/1	192.168.2.2/24		0
路由器 R1	Fa0/0	192.168.3.2/24		0
	Fa0/1	192.168.4.1/24		0
路由器 R2	Fa0/0	192.168.1.254/24		0
	Fa0/1	192.168.2.1/24		0
路由器 R3	Fa0/0	192.168.5.254/24		0
	Fa0/1	192.168.4.2/24		0
PC0		192.168.1.1/24	192.168.1.254	
PC1		192.168.5.1	192.168.5.254	

（2）配置路由器的 OSPF 路由，将全部路由器接口配置到 area 0。

R0 中 OSPF 路由配置如下：

```
R0(config)#router ospf 3
```
//进入 OSPF 路由配置模式，进程号为 3。进程号设置范围可以是 1～65535 中的任意值，但其只具有本地意义，不需要在路由器之间匹配，也就是说，进程号可以不同。进程号用来区分本路由器上运行的不同 OSPF 进程，如本路由器可能是两个自治系统的边界路由器

```
R0(config-router)#router-id 10.10.10.10
```
//设置路由器 ID 为 10.10.10.10，也就是说在 OSPF 中给路由器起个名字，用来标识该路由器，这是必要的。其实，即便不显式地设置路由器 ID，协议也会按如下顺序认可一个地址作为路由器 ID：首先是路由器最大的环回接口的 IP 地址，其次是最大的活动物理接口的 IP 地址。当然，最好是使用命令指定路由器 ID

```
R0(config-router)#network 192.168.2.0 0.0.0.255 area 0
R0(config-router)#network 192.168.3.0 0.0.0.255 area 0
```
//宣告本路由器的直连网络，命令中使用了通配符，通配符为网络掩码的反码，所以，OSPF 天然地支持 VLSM 和 CIDR。命令的最后要说明该网络属于哪个区域，这一点很重要，因为 OSPF 的 LSA 通告和区域有直接关系

在 R1 中 OSPF 路由配置如下：

```
R1(config)#router ospf 3
R1(config-router)#router-id 1.1.1.1
R1(config-router)#network 192.168.3.0 0.0.0.255 area 0
R1(config-router)#network 192.168.4.0 0.0.0.255 area 0
```

在 R2 中 OSPF 路由配置如下：

```
R2(config)#router ospf 3
R2(config-router)#router-id 2.2.2.2
R2(config-router)#network 192.168.1.0 0.0.0.255 area 0
R2(config-router)#network 192.168.2.0 0.0.0.255 area 0
```

在 R3 中 OSPF 路由配置如下：

```
R3(config)#router ospf 3
R3(config-router)#router-id 3.3.3.3
R3(config-router)#network 192.168.4.0 0.0.0.255 area 0
R3(config-router)#network 192.168.5.0 0.0.0.255 area 0
```

（3）验证连通性。由 PC0 去 ping PC1，如图 4-22 所示，结果是通的，说明 OSPF 路由配置正确。

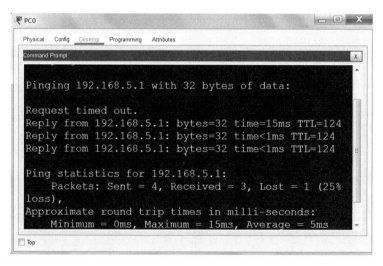

图 4-22　PC0 去 ping PC1

（4）查看路由器的路由。

R0 的路由：

```
R0#show ip route
Codes: C - connected, S - static, I - IGRP, R - RIP, M - mobile, B - BGPD -
```

```
EIGRP, EX - EIGRP external, O - OSPF, IA - OSPF inter areaN1 - OSPF NSSA external
type 1, N2 - OSPF NSSA external type 2E1 - OSPF external type 1, E2 - OSPF external
type 2, E - EGPi - IS-IS, L1 - IS-IS level-1, L2 - IS-IS level-2, ia - IS-IS inter
area* - candidate default, U - per-user static route, o - ODRP - periodic downloaded
static route
    Gateway of last resort is not set
    O 192.168.1.0/24 [110/2] via 192.168.2.1, 01:45:17, FastEthernet0/1
    C 192.168.2.0/24 is directly connected, FastEthernet0/1
    C 192.168.3.0/24 is directly connected, FastEthernet0/0
    O 192.168.4.0/24 [110/2] via 192.168.3.2, 01:40:45, FastEthernet0/0
    O 192.168.5.0/24 [110/3] via 192.168.3.2, 01:40:45, FastEthernet0/0
```

可以看到，R0 中有 5 条路由，对应拓扑中的 5 个网段，其中 192.168.2.0/24 和 192.168.3.0/24 为路由器的直连路由，其他 3 个 O 打头的网段为通过 OSPF 学到的路由。

下面为其他路由器的路由表项，请自行分析。

R1 的路由：

```
R1#show ip route
    O 192.168.1.0/24 [110/3] via 192.168.3.1, 01:54:01, FastEthernet0/0
    O 192.168.2.0/24 [110/2] via 192.168.3.1, 01:54:01, FastEthernet0/0
    C 192.168.3.0/24 is directly connected, FastEthernet0/0
    C 192.168.4.0/24 is directly connected, FastEthernet0/1
    O 192.168.5.0/24 [110/2] via 192.168.4.2, 01:51:34, FastEthernet0/1
```

R2 的路由：

```
R2#show ip route
    C 192.168.1.0/24 is directly connected, FastEthernet0/0
    C 192.168.2.0/24 is directly connected, FastEthernet0/1
    O 192.168.3.0/24 [110/2] via 192.168.2.2, 01:55:01, FastEthernet0/1
    O 192.168.4.0/24 [110/3] via 192.168.2.2, 01:52:34, FastEthernet0/1
    O 192.168.5.0/24 [110/4] via 192.168.2.2, 01:52:24, FastEthernet0/1
```

R3 的路由：

```
R3#show ip route
    O 192.168.1.0/24 [110/4] via 192.168.4.1, 01:53:53, FastEthernet0/1
    O 192.168.2.0/24 [110/3] via 192.168.4.1, 01:53:53, FastEthernet0/1
    O 192.168.3.0/24 [110/2] via 192.168.4.1, 01:53:53, FastEthernet0/1
    C 192.168.4.0/24 is directly connected, FastEthernet0/1
    C 192.168.5.0/24 is directly connected, FastEthernet0/0
```

（5）查看路由协议配置与统计信息，以 R0 为例。

```
R0#show ip protocols
Routing Protocol is "ospf 3"
Outgoing update filter list for all interfaces is not set
Incoming update filter list for all interfaces is not set
Router ID 10.10.10.10
Number of areas in this router is 2. 2 normal 0 stub 0 nssa
Maximum path: 4
Routing for Networks:
192.168.2.0 0.0.0.255 area 0
192.168.3.0 0.0.0.255 area 0
//路由器通告的直连网络及所属区域
Routing Information Sources:
Gateway Distance Last Update
1.1.1.1 110 00:08:56
2.2.2.2 110 00:08:56
3.3.3.3 110 00:08:56
10.10.10.10 110 00:21:21
//最近更新的路由信息来源
Distance: (default is 110)
```

（6）查看 OSPF 进程及区域细节的数据，以 R0 为例。

```
R0#show ip ospf
Routing Process "ospf 3" with ID 10.10.10.10
Supports only single TOS(TOS0) routes
Supports opaque LSA
SPF schedule delay 5 secs, Hold time between two SPFs 10 secs
Minimum LSA interval 5 secs. Minimum LSA arrival 1 secs
Number of external LSA 0. Checksum Sum 0x000000
Number of opaque AS LSA 0. Checksum Sum 0x000000
Number of DCbitless external and opaque AS LSA 0
Number of DoNotAge external and opaque AS LSA 0
Number of areas in this router is 1. 1 normal 0 stub 0 nssa
External flood list length 0
Area BACKBONE(0)
Number of interfaces in this area is 2
Area has no authentication
SPF algorithm executed 3 times
```

```
Area ranges are
Number of LSA 7. Checksum Sum 0x038ebe
Number of opaque link LSA 0. Checksum Sum 0x000000
Number of DCbitless LSA 0
Number of indication LSA 0
Number of DoNotAge LSA 0
Flood list length 0
```

（7）查看路由器 OSPF 数据库信息，以 R1 为例。

```
R1#show ip ospf database
OSPF Router with ID (1.1.1.1) (Process ID 3)
Router Link States (Area 0)
//路由器 LSA，只在本区域内洪泛，不穿越 ABR
Link ID          ADV Router       Age      Seq#          Checksum Link  count
2.2.2.2          2.2.2.2          1134     0x80000004    0x00a14b       2
10.10.10.10      10.10.10.10      1129     0x80000005    0x00c971       2
1.1.1.1          1.1.1.1          1129     0x80000005    0x00b0ce       2
3.3.3.3          3.3.3.3          1129     0x80000004    0x00efeb       2
Net Link States (Area 0)
//网络 LSA，由 DR 产生，只在选举 DR/BDR 的 Broadcast 和 NBMA 网络中才有，只在本区域洪泛，
不穿越 ABR
Link ID          ADV Router       Age      Seq#          Checksum
192.168.2.2      10.10.10.10      1134     0x80000001    0x0017a0
192.168.3.1      10.10.10.10      1129     0x80000002    0x000eab
192.168.4.2      3.3.3.3          1129     0x80000001    0x005cfe
```

内容意义如下。

- **Link ID**：在 Router Link States 中为路由器 ID 号，代表路由器，而不是某一条链路。在 Net Link States 中为 DR 接口的 IP。
- **ADV Router**：通告路由器的 ID 号。
- **Age**：老化时间。
- **Seq#**：连接状态序列号。
- **Checksum Link**：连接状态通告完整内容的检验和。
- **count**：通告路由器在本区域的链路数目。

（8）查看接口 OSPF 信息，以 R1 为例。

该命令主要用来查看所有接口有关 OSPF 的信息，包括接口状态、所在区域、OSPF 进程号、网络类型、代价、路由通告的统计信息、路由器 ID 号、DR 和 BDR 等信息。

```
R1#show ip ospf interface
FastEthernet0/1 is up, line protocol is up
Internet address is 192.168.4.1/24, Area 0
Process ID 3, Router ID 1.1.1.1, Network Type BROADCAST, Cost: 1
Transmit Delay is 1 sec, State BDR, Priority 1
Designated Router (ID) 3.3.3.3, Interface address 192.168.4.2
Backup Designated Router (ID) 1.1.1.1, Interface address 192.168.4.1
Timer intervals configured, Hello 10, Dead 40, Wait 40, Retransmit 5
Hello due in 00:00:02
Index 1/1, flood queue length 0
Next 0x0(0)/0x0(0)
Last flood scan length is 1, maximum is 1
Last flood scan time is 0 msec, maximum is 0 msec
Neighbor Count is 1, Adjacent neighbor count is 1
Adjacent with neighbor 3.3.3.3 (Designated Router)
Suppress hello for 0 neighbor(s)
FastEthernet0/0 is up, line protocol is up
Internet address is 192.168.3.2/24, Area 0
Process ID 3, Router ID 1.1.1.1, Network Type BROADCAST, Cost: 1
Transmit Delay is 1 sec, State BDR, Priority 1
Designated Router (ID) 10.10.10.10, Interface address 192.168.3.1
Backup Designated Router (ID) 1.1.1.1, Interface address 192.168.3.2
Timer intervals configured, Hello 10, Dead 40, Wait 40, Retransmit 5
Hello due in 00:00:02
Index 2/2, flood queue length 0
Next 0x0(0)/0x0(0)
Last flood scan length is 1, maximum is 1
Last flood scan time is 0 msec, maximum is 0 msec
Neighbor Count is 1, Adjacent neighbor count is 1
Adjacent with neighbor 10.10.10.10 (Designated Router)
Suppress hello for 0 neighbor(s)
```

（9）查看 OSPF 邻居信息，以 R1 为例。

```
R1#show ip ospf neighbor
Neighbor ID     Pri State      Dead Time   Address        Interface
10.10.10.10     1   FULL/DR    00:00:32    192.168.3.1    FastEthernet0/0
3.3.3.3         1   FULL/DR    00:00:32    192.168.4.2    FastEthernet0/1
```

查看路由器的邻居是调试和排除 OSPF 故障的常用命令之一。

5. 多区域 OSPF 路由配置实验

（1）布置拓扑，如图 4-23 所示，4 个路由器连接了 5 个网段，其中，192.168.3.0/24 属于 area 0，192.168.2.0/24 和 192.168.1.0/24 属于 area 18，192.168.4.0/24 和 192.168.5.0/24 属于 area 36，其 IP 地址规划如表 4-9 所示。

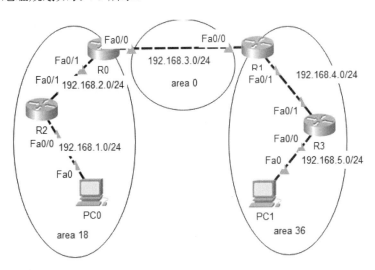

图 4-23　多区域 OSPF

表 4-9　IP 地址规划

设备	接口名称	IP 地址	默认网关	区域（area）
路由器 R0	Fa0/0	192.168.3.1/24		0
	Fa0/1	192.168.2.2/24		18
路由器 R1	Fa0/0	192.168.3.2/24		0
	Fa0/1	192.168.4.1/24		36
路由器 R2	Fa0/0	192.168.1.254/24		18
	Fa0/1	192.168.2.1/24		18
路由器 R3	Fa0/0	192.168.5.254/24		36
	Fa0/1	192.168.4.2/24		36
PC0		192.168.1.1/24	192.168.1.254	
PC1		192.168.5.1	192.168.5.254	

（2）配置路由器的 OSPF 路由，将全部路由器接口配置到 area 0。

在 R0 中 OSPF 路由配置如下：

```
R0(config)#router ospf 5
R0(config-router)#router-id 10.10.10.10
R0(config-router)#network 192.168.2.0 0.0.0.255 area 18
R0(config-router)#network 192.168.3.0 0.0.0.255 area 0
```

在 R1 中 OSPF 路由配置如下：

```
R1(config)#router ospf 5
R1(config-router)#router-id 1.1.1.1
R1(config-router)#network 192.168.3.0 0.0.0.255 area 0
R1(config-router)#network 192.168.4.0 0.0.0.255 area 36
```

在 R2 中 OSPF 路由配置如下：

```
R2(config)#router ospf 5
R2(config-router)#router-id 2.2.2.2
R2(config-router)#network 192.168.1.0 0.0.0.255 area 18
R2(config-router)#network 192.168.2.0 0.0.0.255 area 18
```

在 R3 中 OSPF 路由配置如下：

```
R3(config)#router ospf 5
R3(config-router)#router-id 3.3.3.3
R3(config-router)#network 192.168.4.0 0.0.0.255 area 36
R3(config-router)#network 192.168.5.0 0.0.0.255 area 36
```

（3）验证连通性。由 PC0 去 ping PC1，如图 4-24 所示，结果是通的，说明 OSPF 路由配置正确。

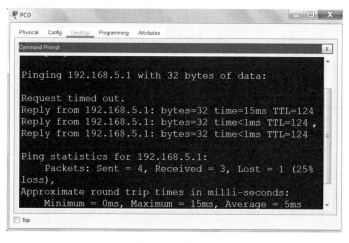

图 4-24　验证图

（4）查看路由器 R0 的路由。

```
R0#show ip route
Codes: C - connected, S - static, I - IGRP, R - RIP, M - mobile, B - BGP
D - EIGRP, EX - EIGRP external, O - OSPF, IA - OSPF inter area
```

```
N1 - OSPF NSSA external type 1, N2 - OSPF NSSA external type 2
E1 - OSPF external type 1, E2 - OSPF external type 2, E - EGP
i - IS-IS, L1 - IS-IS level-1, L2 - IS-IS level-2, ia - IS-IS inter area
* - candidate default, U - per-user static route, o - ODR
P - periodic downloaded static route
Gateway of last resort is not set
O    192.168.1.0/24 [110/2] via 192.168.2.1, 00:35:01, FastEthernet0/1
C    192.168.2.0/24 is directly connected, FastEthernet0/1
C    192.168.3.0/24 is directly connected, FastEthernet0/0
O IA 192.168.4.0/24 [110/2] via 192.168.3.2, 00:32:28, FastEthernet0/0
O IA 192.168.5.0/24 [110/3] via 192.168.3.2, 00:20:53, FastEthernet0/0
```

可以看到，R0 中有 5 条路由，对应拓扑中的 5 个网段，其中 192.168.2.0/24 和 192.168.3.0/24 为路由器的直连路由，192.168.1.0/24 为 OSPF 路由，其他两个"O IA"打头的网段为同一自治系统中不同区域内的路由。

其他路由器的路由表项，请自行分析。

（5）查看路由协议配置与统计信息，以 R0 为例。

```
R0#show ip protocols
Routing Protocol is "ospf 5"
Outgoing update filter list for all interfaces is not set
Incoming update filter list for all interfaces is not set
Router ID 10.10.10.10
Number of areas in this router is 2. 2 normal 0 stub 0 nssa
Maximum path: 4
Routing for Networks:
192.168.2.0 0.0.0.255 area 18
192.168.3.0 0.0.0.255 area 0
Routing Information Sources:
Gateway         Distance      Last Update
1.1.1.1         110           00:06:10
2.2.2.2         110           00:08:32
10.10.10.10     110           00:06:35
Distance: (default is 110)
```

（6）查看 OSPF 进程及区域细节的数据，以 R0 为例。

```
R0#show ip ospf
Routing Process "ospf 5" with ID 10.10.10.10
Supports only single TOS(TOS0) routes
```

```
Supports opaque LSA
It is an area border router
SPF schedule delay 5 secs, Hold time between two SPFs 10 secs
Minimum LSA interval 5 secs. Minimum LSA arrival 1 secs
Number of external LSA 0. Checksum Sum 0x000000
Number of opaque AS LSA 0. Checksum Sum 0x000000
Number of DCbitless external and opaque AS LSA 0
Number of DoNotAge external and opaque AS LSA 0
Number of areas in this router is 2. 2 normal 0 stub 0 nssa
External flood list length 0
Area 18
Number of interfaces in this area is 1
Area has no authentication
SPF algorithm executed 8 times
Area ranges are
Number of LSA 6. Checksum Sum 0x02579c
Number of opaque link LSA 0. Checksum Sum 0x000000
Number of DCbitless LSA 0
Number of indication LSA 0
Number of DoNotAge LSA 0
Flood list length 0
Area BACKBONE(0)
Number of interfaces in this area is 1
Area has no authentication
SPF algorithm executed 8 times
Area ranges are
Number of LSA 7. Checksum Sum 0x0406a4
Number of opaque link LSA 0. Checksum Sum 0x000000
Number of DCbitless LSA 0
Number of indication LSA 0
Number of DoNotAge LSA 0
Flood list length 0
```

（7）查看路由器 OSPF 数据库信息，以 R1 为例。

```
R1#show ip ospf database
OSPF Router with ID (1.1.1.1) (Process ID 5)
          Router Link States (Area 0)
Link ID       ADV Router    Age    Seq#        Checksum Link  count
1.1.1.1       1.1.1.1       869    0x80000004  0x00bfad      1
```

```
10.10.10.10   10.10.10.10  895   0x80000003  0x000522        1
                 Net Link States (Area 0)
Link ID       ADV Router    Age   Seq#        Checksum
192.168.3.1   10.10.10.10  895   0x80000002  0x00d2e1
                 Summary Net Link States (Area 0)
```

//由其他区域泛洪过来而得到的汇总链路（三类 LSA）

```
Link ID       ADV Router    Age   Seq#        Checksum
192.168.4.0   1.1.1.1       864   0x80000003  0x009357
192.168.5.0   1.1.1.1       166   0x80000004  0x009057
192.168.2.0   10.10.10.10  950   0x80000003  0x009a2e
192.168.1.0   10.10.10.10  950   0x80000004  0x00ad1a
                 Router Link States (Area 36)
Link ID       ADV Router    Age   Seq#        Checksum Link  count
1.1.1.1       1.1.1.1       175   0x80000004  0x00d199        1
3.3.3.3       3.3.3.3       168   0x80000004  0x00b625        2
                 Net Link States (Area 36)
Link ID       ADV Router    Age   Seq#        Checksum
192.168.4.2   3.3.3.3       180   0x80000002  0x00c906
                 Summary Net Link States (Area 36)
Link ID       ADV Router    Age   Seq#        Checksum
192.168.3.0   1.1.1.1       864   0x80000004  0x009c4e
192.168.2.0   1.1.1.1       864   0x80000005  0x00af3a
192.168.1.0   1.1.1.1       864   0x80000006  0x00c226
```

内容意义前面已介绍过，这里不再重复。

（8）查看接口 OSPF 信息，以 R1 为例。

该命令主要用来查看所有接口有关 OSPF 的信息，包括接口状态、所在区域、OSPF 进程号、网络类型、代价、路由通告的统计信息、路由器 ID 号等信息。

```
R1#show ip ospf interface
FastEthernet0/0 is up, line protocol is up
Internet address is 192.168.3.2/24, Area 0
Process ID 5, Router ID 1.1.1.1, Network Type BROADCAST, Cost: 1
Transmit Delay is 1 sec, State BDR, Priority 1
Designated Router (ID) 10.10.10.10, Interface address 192.168.3.1
Backup Designated Router (ID) 1.1.1.1, Interface address 192.168.3.2
Timer intervals configured, Hello 10, Dead 40, Wait 40, Retransmit 5
Hello due in 00:00:09
Index 1/1, flood queue length 0
Next 0x0(0)/0x0(0)
```

```
Last flood scan length is 1, maximum is 1
Last flood scan time is 0 msec, maximum is 0 msec
Neighbor Count is 1, Adjacent neighbor count is 1
Adjacent with neighbor 10.10.10.10 (Designated Router)
Suppress hello for 0 neighbor(s)
FastEthernet0/1 is up, line protocol is up
Internet address is 192.168.4.1/24, Area 36
Process ID 5, Router ID 1.1.1.1, Network Type BROADCAST, Cost: 1
Transmit Delay is 1 sec, State BDR, Priority 1
Designated Router (ID) 3.3.3.3, Interface address 192.168.4.2
Backup Designated Router (ID) 1.1.1.1, Interface address 192.168.4.1
Timer intervals configured, Hello 10, Dead 40, Wait 40, Retransmit 5
Hello due in 00:00:05
Index 2/2, flood queue length 0
Next 0x0(0)/0x0(0)
Last flood scan length is 1, maximum is 1
Last flood scan time is 0 msec, maximum is 0 msec
Neighbor Count is 1, Adjacent neighbor count is 1
Adjacent with neighbor 3.3.3.3 (Designated Router)
Suppress hello for 0 neighbor(s)
```

（9）查看 OSPF 邻居信息，以 R1 为例。

```
R1#show ip ospf neighbor
Neighbor ID     Pri State      Dead Time    Address        Interface
10.10.10.10     1   FULL/DR    00:00:32     192.168.3.1    FastEthernet0/0
3.3.3.3         1   FULL/DR    00:00:32     192.168.4.2    FastEthernet0/1
```

（10）调试 OSPF 事件，主要包括显示发送、接收 hello 包、邻居改变事件、DR 选取、如何建立邻接关系等。

```
R0#debug ip ospf events
OSPF events debugging is on
R0#
13:23:30: OSPF: Rcv hello from 1.1.1.1 area 0 from FastEthernet0/0 192.168.3.2
13:23:30: OSPF: End of hello processing
13:23:32: OSPF: Rcv hello from 2.2.2.2 area 18 from FastEthernet0/1 192.168.2.1
13:23:32: OSPF: End of hello processing
```

以太网或者点对点网络默认发送 hello 时间是 10s，即每隔 10s 发送 hello 包。不同的网络类型，发送 hello 包的频率不一样，如果是非广播多路访问网络（NBMA 网络），则发送

hello 时间是 30s。当然，这个时间都可以使用命令修改。

这时，在 R2 上 shutdown 与 R0 的接口（Fa0/1），当达到死亡时间后，R0 认为邻接关系断掉，由于是广播型网络，拓扑改变后会重新选取 DR 和 BDR，但此时该区域中实际上已经没有网络了，过程显示如下：

```
%LINEPROTO-5-UPDOWN: Line protocol on Interface FastEthernet0/1, changed
state to down
   13:32:06: OSPF: Interface FastEthernet0/1 going Down
   13:32:06: OSPF: Neighbor change Event on interface FastEthernet0/1
   13:32:06: %OSPF-5-ADJCHG: Process 5, Nbr 2.2.2.2 on FastEthernet0/1 from FULL
to DOWN, Neighbor Down: Interface down or detached
   13:32:06: OSPF: DR/BDR election on FastEthernet0/1
   13:32:06: OSPF: Elect BDR 0.0.0.0
   13:32:06: OSPF: Elect DR 0.0.0.0
   13:32:06: OSPF: Elect BDR 0.0.0.0
   13:32:06: OSPF: Elect DR 0.0.0.0
   13:32:06: DR: none BDR: none
   13:32:06: OSPF: Flush network LSA immediately
```

实验 6：外部网关协议（BGP）实验

1. 实验目的

（1）理解外部网关协议 BGP 的含义。

（2）掌握外部网关协议 BGP 的配置方法。

2. 基础知识

BGP 边界网关协议是一种路径向量协议。作为外部网关协议，在不同自治系统（AS）之间选择路由，力求寻找一条能够到达目的网络且比较好的路由，而不是寻找一条最佳路由。其有以下特点：

（1）BGP 分为 eBGP（外部 BGP）和 iBGP（内部 BGP），两个 AS 之间的发言人运行 eBGP，而在一个 AS 内部则运行 iBGP，他们使用同样的报文格式和属性类型。eBGP 发言人将获得的外部 BGP 路由通过 iBGP 传递给 AS 内部 iBGP 邻居，再由其进一步转化为自己的路由表项目。

（2）BGP 邻居间进行通信是建立在 TCP 连接之上的。TCP 连接是位于 IP 之上的一种一对一的通信，这意味着 BGP 的邻居并非物理连接上的邻居，而是可以经过 IP 路由后到达的邻居。详情参见运输层内容。

（3）在 BGP 的世界中，是一系列的 AS 路径和经过这些 AS 所能到达的目的地，并通过路径向量路由选择协议选出认为最合适的路由。

详细解释请参考《计算机网络》(第 8 版) 4.6.4 节内容。

常用配置命令如表 4-10 所示。

表 4-10　常用配置命令

命令格式	含　义
router bgp　AS 号	启动该 AS 号的 BGP 路由进程
neighbor　A.B.C.D　remote-as　AS 号	指定邻居的数据更新源地址及 AS 号
network　网络号　mask　子网掩码	发布网段信息
show ip bgp	查看路由器的 BGP 表

3. 实验流程

实验流程如图 4-25 所示。

图 4-25　实验流程图

4. 实验步骤

(1) 布置拓扑,如图 4-26 所示,拓扑中共有 3 个自治系统(AS1、AS2、AS3),其中 AS1 中的 R1 和 R2 配置 OSPF 协议相连,其余路由器配置 BGP 协议相连,由于模拟器不支持 iBGP,此处仅配置 eBGP。为了更好地显示效果,每台路由器都配置了一个环回口,其 IP 地址规划如表 4-11 所示。

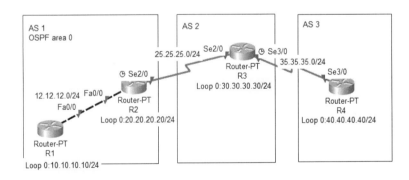

图 4-26 BGP 实验拓扑图

表 4-11　IP 地址规划

设备名称	接口	IP 地址
R1	loopback 0	10.10.10.10/24
	Fa0/0	12.12.12.1/24
R2	loopback 0	20.20.20.20/24
	Fa0/0	12.12.12.2/24
	Se2/0	25.25.25.1/24

续表

设备名称	接口	IP 地址
R3	loopback 0	30.30.30.30/24
	Se2/0	25.25.25.2/24
	Se3/0	35.35.35.1/24
R4	loopback 0	40.40.40.40/24
	Se3/0	35.35.35.2/24

（2）R1 配置

```
Router>enable
Router#configure terminal
Router(config)#host R1
Enter configuration commands, one per line. End with CNTL/Z.
R1(config)#interface FastEthernet0/0
R1(config-if)#ip address 12.12.12.1 255.255.255.0
R1(config-if)#no shutdown
R1(config-if)#int loop 0
R1(config-if)#ip addr 10.10.10.10 255.255.255.0
R1(config-if)#exit
R1(config)#router ospf 1
R1(config-router)#network 10.10.10.0 0.0.0.255 area 0
R1(config-router)#network 12.12.12.0 0.0.0.255 area 0
R1(config-router)#exit
```

（3）R2 配置

```
Router>en
Router#configure terminal
Enter configuration commands, one per line. End with CNTL/Z.
Router(config)#host R2
R2(config)#interface FastEthernet0/0
R2(config-if)#ip address 12.12.12.2 255.255.255.0
R2(config-if)#no shutdown
R2(config-if)#exit
R2(config)#interface Serial2/0
R2(config-if)#ip address 25.25.25.1 255.255.255.0
R2(config-if)#no shutdown
R2(config-if)#int loop 0
R2(config-if)#ip addr 20.20.20.20 255.255.255.0
```

```
R2(config-if)#exit
R2(config)#router ospf 1
R2(config-router)#network 20.20.20.0 0.0.0.255 area 0
R2(config-router)#network 12.12.12.0 0.0.0.255 area 0
R2(config-router)#default-information originate
```
//在 OSPF 中发布一条默认路由
```
R2(config-router)#exit
R2(config)#ip route 0.0.0.0 0.0.0.0 25.25.25.2
```
//配置默认路由指向 AS2 的自治系统边界路由器 R3,该默认路由将被 OSPF 中的路由器 R1 学习到
```
R2(config)#router bgp 1      //启动 BGP 路由进程,AS 号码为 1
R2(config-router)#neighbor 25.25.25.2 remote-as 2
```
//指定邻居,地址 25.25.25.2 为该邻居的数据更新源地址,邻居所在的 AS 号码为 2。在默认情况下,eBGP 邻居关系为直连链路,也就是说只需一跳即可到达。需要注意的是,若邻居并非直连链路,则需要设置邻居的 ebgp-multihop 值大于 1(该值要确保在该跳数内可以抵达邻居),还需设置路由可以到达该邻居,否则无法建立邻居关系。目前模拟器不支持此命令
```
R2(config-router)#network 25.25.25.0 mask 255.255.255.0
```
//发布网段信息
```
R2(config-router)#%BGP-5-ADJCHANGE: neighbor 25.25.25.2 Up
```
//对端邻居设置好后,就会显示建立了邻居关系
```
R2(config-router)#redistribute ospf 1
```
//路由重分布,在 BGP 协议中引入进程号为 1 的 OSPF 路由,其可被 BGP 学习到

(4) R3 配置

```
Router>en
Router#conf t
Enter configuration commands, one per line. End with CNTL/Z.
Router(config)#host R3
R3(config)#int s2/0
R3(config-if)#ip addr 25.25.25.2 255.255.255.0
R3(config-if)#no shut
R3(config-if)#int s3/0
R3(config-if)#ip addr 35.35.35.1 255.255.255.0
R3(config-if)#no shut
R3(config-if)#int loop 0
R3(config-if)#ip addr 30.30.30.30 255.255.255.0
R3(config-if)#exit
R3(config)#router bgp 2
R3(config-router)#neighbor 25.25.25.1 remote-as 1
R3(config-router)#neighbor 35.35.35.2 remote-as 3
```

```
//R3 有两个 BGP 邻居，分别为 R2 和 R4，AS 号分别为 1 和 3
R3(config-router)#network 25.25.25.0 mask 255.255.255.0
R3(config-router)#network 30.30.30.0 mask 255.255.255.0
R3(config-router)#network 35.35.35.0 mask 255.255.255.0
```

（5）R4 配置

```
Router>en
Router#conf t
Router(config)#host R4
R4(config)#int s3/0
R4(config-if)#ip addr 35.35.35.2 255.255.255.0
R4(config-if)#no shut
R4(config-if)#int loop 0
R4(config-if)#ip addr 40.40.40.40 255.255.255.0
R4(config)#router bgp 3
R4(config-router)#neighbor 35.35.35.1 remote-as 2
R4(config-router)#network 40.40.40.0 mask 255.255.255.0
R4(config-router)#network 35.35.35.0 mask 255.255.255.0
R4(config-router)#exit
```

（6）查看路由表 R1 路由表

```
10.0.0.0/24 is subnetted, 1 subnets
C 10.10.10.0 is directly connected, Loopback0
12.0.0.0/24 is subnetted, 1 subnets
C 12.12.12.0 is directly connected, FastEthernet0/0
20.0.0.0/32 is subnetted, 1 subnets
O 20.20.20.20 [110/2] via 12.12.12.2, 00:12:58, FastEthernet0/0
//该网段通过 OSPF 学习到
O*E2 0.0.0.0/0 [110/1] via 12.12.12.2, 00:12:58, FastEthernet0/0
//该默认路由为 OSPF 外部路由，指向 R2
```

路由器 R1 学到了 OSPF 中的所有路由，而其他自治系统的路由被一条默认路由代替。

R2 路由表：路由器 R2 学到了全网的路由，除了自己的直连路由，还包括 OSPF 和 BGP 的路由，最后是一条默认路由。

```
10.0.0.0/32 is subnetted, 1 subnets
O 10.10.10.10 [110/2] via 12.12.12.1, 00:14:16, FastEthernet0/0
12.0.0.0/24 is subnetted, 1 subnets
C 12.12.12.0 is directly connected, FastEthernet0/0
```

```
20.0.0.0/24 is subnetted, 1 subnets
C 20.20.20.0 is directly connected, Loopback0
25.0.0.0/24 is subnetted, 1 subnets
C 25.25.25.0 is directly connected, Serial2/0
30.0.0.0/24 is subnetted, 1 subnets
B 30.30.30.0 [20/0] via 25.25.25.2, 00:00:00
35.0.0.0/24 is subnetted, 1 subnets
B 35.35.35.0 [20/0] via 25.25.25.2, 00:00:00
40.0.0.0/24 is subnetted, 1 subnets
B 40.40.40.0 [20/0] via 25.25.25.2, 00:00:00
//上面 B 开始的路由表项为 BGP 路由
S* 0.0.0.0/0 [1/0] via 25.25.25.2
//默认路由指向 R3
```

R4 路由表：R4 学到了全网的路由，注意观察，OSPF 中宣告的路由在这里是通过 BGP 被学习到的。

```
10.0.0.0/32 is subnetted, 1 subnets
B 10.10.10.10 [20/0] via 35.35.35.1, 00:00:00
//通过 BGP 学习到 R1 中 OSPF 的路由
12.0.0.0/24 is subnetted, 1 subnets
B 12.12.12.0 [20/0] via 35.35.35.1, 00:00:00
20.0.0.0/8 is variably subnetted, 2 subnets, 2 masks
B 20.20.20.0/24 [20/0] via 35.35.35.1, 00:00:00
B 20.20.20.20/32 [20/0] via 35.35.35.1, 00:00:00
25.0.0.0/24 is subnetted, 1 subnets
B 25.25.25.0 [20/0] via 35.35.35.1, 00:00:00
30.0.0.0/24 is subnetted, 1 subnets
B 30.30.30.0 [20/0] via 35.35.35.1, 00:00:00
35.0.0.0/24 is subnetted, 1 subnets
C 35.35.35.0 is directly connected, Serial3/0
40.0.0.0/24 is subnetted, 1 subnets
C 40.40.40.0 is directly connected, Loopback0
```

（7）查看 BGP 表
R2 的 BGP 表：

```
R2#show ip bgp
Network          Next Hop       Metric LocPrf Weight Path
*> 10.10.10.10/32  12.12.12.1        0      0      0    1 ?
```

	Network	Next Hop	Metric	LocPrf	Weight	Path
*>	12.12.12.0/24	0.0.0.0	0	0	32768	i
*>	0.0.0.0		0	0	32768	i
*	12.12.12.0		0	0	0	1 ?
*>	20.20.20.0/24	0.0.0.0	0	0	32768	i
*	20.20.20.20/32	20.20.20.20	0	0	0	1 ?
*>	25.25.25.0/24	0.0.0.0	0	0	32768	i
*	25.25.25.2		0	0	0	2 i
*>	30.30.30.0/24	25.25.25.2	0	0	0	2 i
*>	35.35.35.0/24	25.25.25.2	0	0	0	2 i
*>	40.40.40.0/24	25.25.25.2	0	0	0	2 3 i

BGP 表中主要字段含义：

（a）"*"表示当前路由条目有效。

（b）">"表示当前路由条目最优，可以被加入路由表。

（c）"Network"字段指目的网络。

（d）"Next Hop"指 BGP 路由的下一跳。

（e）"Metric"表示该路由的外部度量值。

（f）"LocPrf"表示该路由的本地优先级。

（g）"Weight"表示该路由的权重值。如果是本地产生的，则默认权重值为 32768，如果是从邻居学习来的，则默认权重值为 0。

（h）"Path"表示该路由从哪些 AS 学习而来，是一个 AS 路径。如"40.40.40.0/24"网段的路径来自"AS2 AS3"。

BGP 在选择路由时，会按照自己的策略来选择一条最佳路径。比如，目的地相同时，会按照策略，并通过比较 BGP 表中的一些字段值，来选择出一条最佳路径。

R3 的 BGP 表：

```
R3#show ip bgp
```

	Network	Next Hop	Metric	LocPrf	Weight	Path
*>	10.10.10.10/32	25.25.25.1	0	0	0	1 ?
*>	12.12.12.0/24	25.25.25.1	0	0	0	1 ?
*>	20.20.20.0/24	25.25.25.1	0	0	0	1 ?
*>	20.20.20.20/32	25.25.25.1	0	0	0	1 ?
*>	25.25.25.0/24	0.0.0.0	0	0	32768	i
*	25.25.25.1		0	0	0	1 i
*>	30.30.30.0/24	0.0.0.0	0	0	32768	i
*>	35.35.35.0/24	0.0.0.0	0	0	32768	i
*	35.35.35.2		0	0	0	3 i
*>	40.40.40.0/24	35.35.35.2	0	0	0	3 i

R4 的 BGP 表：

```
R4#show ip bgp
    Network          Next Hop      Metric  LocPrf Weight Path
*>  10.10.10.10/32   35.35.35.1    0       0      0      2 1 ?
*>  12.12.12.0/24    35.35.35.1    0       0      0      2 1 ?
*>  20.20.20.0/24    35.35.35.1    0       0      0      2 1 ?
*>  20.20.20.20/32   35.35.35.1    0       0      0      2 1 ?
*>  25.25.25.0/24    35.35.35.1    0       0      0      2 i
*>  30.30.30.0/24    35.35.35.1    0       0      0      2 i
*>  35.35.35.0/24    0.0.0.0       0       0      32768  i
*   35.35.35.1                     0       0      0      2 i
*>  40.40.40.0/24    0.0.0.0       0       0      32768  i
```

实验 7：用以太网三层交换机实现 VLAN 间路由配置

1. 实验目的

（1）理解三层（第三层）交换机的功能。
（2）理解三层交换机中 SVI 的含义。
（3）掌握利用三层交换机实现 VLAN 间的路由。

2. 基础知识

二层（第二层）交换机是利用 MAC 地址表进行转发操作的，而三层交换机是一个带有路由功能的二层交换机，是二者的结合。这里的三层意思就是网络层，其优势是既能实现三层的路由功能，又能进行二层的高速转发。三层交换技术的出现，解决了企业网划分子网之后，子网之间必须依赖路由器进行通信的问题，多用于企业网内部。

当目的 IP 与源 IP 不在同一个三层网段时，发送方会向网关请求 ARP 解析，这个网关往往是三层交换机里的一个地址，三层交换模块会查找 ARP 缓存表，将不在同一个三层网段 IP 的 MAC 地址返回发送方，如果 ARP 缓存表没有，则运用其路由功能，找到下一跳的 MAC 地址，一方面将该地址保存，并将其发送给请求方，另一方面将该 MAC 地址发送到二层交换引擎的 MAC 交换表中。这样，以后就可以进行高速的二层转发了。所以，三层交换机有时被描述为"一次路由，多次交换"。

在实际组网中，一个 VLAN 对应一个三层的网段，三层交换机采用 SVI（交换虚拟接口）的方式实现 VLAN 间互连。SVI 是指交换机中的虚拟接口，对应一个 VLAN，并且配置 IP 地址，将其作为该 VLAN 对应网段的网关，其作用类似于路由口。

常用配置命令如表 4-12 所示。

表 4-12　常用配置命令

命令格式	含义
interface vlan　虚拟局域网号	进入 SVI 配置模式
switchport trunk encapsulation dot1q	端口模式下用 dot1q 封装该端口
show arp	查看交换机 ARP 缓存
show mac address-table	查看交换机交换表
ip routing	开启交换机路由功能

3. 实验流程

实验流程如图 4-27 所示。

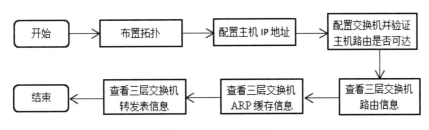

图 4-27　实验流程图

4. 实验步骤

（1）布置拓扑，如图 4-28 所示，网络中共划分为两个三层网段，分别对应两个 VLAN，这种情况下二层交换机是无法配通的，这里利用三层交换机使两个网段互通。其 IP 地址规划如表 4-13 所示。

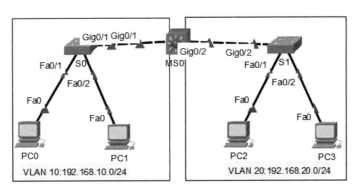

图 4-28　三层交换机实现 VLAN 路由

表 4-13　IP 地址规划

设备名称	接口	IP 地址	VLAN	网关
MS0	VLAN 10（SVI）	192.168.10.254	10	
	VLAN 20（SVI）	192.168.20.254	20	
	Gig0/1		trunk	
	Gig0/2		trunk	

续表

设备名称	接口	IP 地址	VLAN	网关
S0	Gig0/1		trunk	
	Fa0/1		10	
	Fa0/2		10	
S1	Gig0/2		trunk	
	Fa0/1		20	
	Fa0/2		20	
PC0	Fa0	192.168.10.1/24	10	192.168.10.254
PC1	Fa0	192.168.10.2/24	10	192.168.10.254
PC2	Fa0	192.168.20.1/24	20	192.168.20.254
PC3	Fa0	192.168.20.2/24	20	192.168.20.254

（2）配置三层交换机 MS0。

```
Switch>en
Switch#conf t
Enter configuration commands, one per line. End with CNTL/Z.
Switch(config)#hostname MS0
MS0(config)#ip routing              //开启三层交换机的路由功能
MS0(config)#vlan 10                 //创建 VLAN 10
MS0(config-vlan)#vlan 20            //创建 VLAN 20
MS0(config-vlan)#exit
MS0(config)#int range g0/1-2        //同时进入 Gig0/1 和 Gig0/2 两个端口
MS0(config-if-range)#switchport trunk encapsulation dot1q
//思科三层交换机端口默认不封装 dot1q，所以须先封装协议，再将其设为 trunk 模式
MS0(config-if-range)#switchport mode trunk
MS0(config)#int vlan 10
//进入 VLAN 10 接口模式，此接口为虚接口（SVI），作为下面 VLAN 10 的默认网关
MS0(config-if)#ip address 192.168.10.254 255.255.255.0
//给 SVI 配置 IP 地址
MS0(config-if)#int vlan 20
MS0(config-if)#ip address 192.168.20.254 255.255.255.0
```

（3）配置 S0 和 S1 两个二层交换机。

以 S0 为例：

```
Switch>en
Switch#conf t
Switch(config)#hostname S0
```

```
S0(config)#vlan 10
S0(config)#int range f0/1-2
S0(config-if-range)#switch access vlan 10
S0(config-if-range)#exit
S0(config)#int g0/1
S0(config-if)#switch mode trunk
```

（4）查看三层交换机的路由表。

```
MS0#show ip route
Codes: C - connected, S - static, I - IGRP, R - RIP, M - mobile, B - BGP
D - EIGRP, EX - EIGRP external, O - OSPF, IA - OSPF inter area
N1 - OSPF NSSA external type 1, N2 - OSPF NSSA external type 2
E1 - OSPF external type 1, E2 - OSPF external type 2, E - EGP
i - IS-IS, L1 - IS-IS level-1, L2 - IS-IS level-2, ia - IS-IS inter area
* - candidate default, U - per-user static route, o - ODR
P - periodic downloaded static route
Gateway of last resort is not set
C 192.168.10.0/24 is directly connected, Vlan10
C 192.168.20.0/24 is directly connected, Vlan20
```

可以看到，两个 SVI 虚接口连出来的两个直连网络，需要注意如果不开启三层交换机的路由功能，则路由表是空的。

（5）查看三层交换机的 ARP 缓存表。

为便于观察，先将主机互相 ping 通，再来观察 ARP 缓存。

```
MS0#show arp
Protocol    Address           Age (min)   Hardware Addr    Type    Interface
Internet    192.168.10.1      21          0002.1764.1337   ARPA    Vlan10
Internet    192.168.10.2      11          0003.E451.AD23   ARPA    Vlan10
Internet    192.168.10.254    -           000A.F38E.5601   ARPA    Vlan10
Internet    192.168.20.1      16          0060.3E6E.4261   ARPA    Vlan20
Internet    192.168.20.2      11          0060.3E25.72E7   ARPA    Vlan20
Internet    192.168.20.254    -           000A.F38E.5602   ARPA    Vlan20
```

可以看到，即便是不同的目的网络，也可以查询到其对应的 MAC 地址，便于进行二层封装，达到一次路由，多次交换的效果。

（6）查看三层交换机的二层交换表。

封装为 MAC 帧后，再根据二层交换表将帧转发出去，最终找到目的主机。

```
MS0#show mac address-table
Mac Address Table
```

Vlan	Mac Address	Type	Ports
1	0001.644a.a91a	DYNAMIC	Gig0/2
1	0009.7caa.2519	DYNAMIC	Gig0/1
10	0002.1764.1337	DYNAMIC	Gig0/1
10	0003.e451.ad23	DYNAMIC	Gig0/1
20	0060.3e25.72e7	DYNAMIC	Gig0/2
20	0060.3e6e.4261	DYNAMIC	Gig0/2

以上过程，读者还可以结合二层交换机的交换表，在模拟模式下仔细观察分析。

实验 8：用路由器单臂路由实现 VLAN 间通信

1. 实验目的

（1）理解路由器单臂路由的含义。

（2）掌握路由器单臂路由的配置方法。

2. 基础知识

路由器包含的接口数量一般都比较少，有时为了拓展功能，会将某一个物理接口在逻辑上划分为多个子接口，这些逻辑子接口不能被单独地开启或关闭，也就是说，当物理接口被开启或关闭时，所有的该接口的子接口也随之被开启或关闭。在实际应用中，往往用这些子接口分别作为局域网中不同 VLAN 的网关，这样就可以仅使用一个物理接口为局域网中不同的 VLAN 提供路由了。这样做的好处是可以节约设备，降低组网成本。

子接口的命名采用如下形式，比如，物理接口"Fa0/1"，其子接口命名为"Fa0/1.1""Fa0/1.2""Fa0/1.3"等。

常用配置命令如下所示：

```
Router(config-subif)#encapsulation dot1q 20
//给路由器子接口封装 dot1q 协议，并将其划入 VLAN 20
```

3. 实验流程

实验流程如图 4-29 所示。

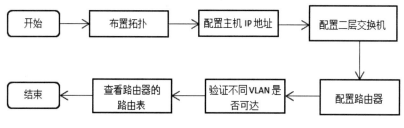

图 4-29　实验流程图

4. 实验步骤

（1）布置拓扑，如图 4-30 所示，网络中共划分为 3 个三层网段，分别对应 3 个 VLAN，都连接在同一个二层交换机上，这里利用路由器单臂路由使 3 个网段互通。其 IP 地址规划如表 4-14 所示。

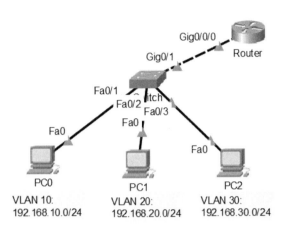

图 4-30　拓扑图

表 4-14　IP 地址规划

设备名称	接口	IP 地址	VLAN	网关
Router	Gig0/0/0.1	192.168.10.254	10	
	Gig0/0/0.2	192.168.20.254	20	
	Gig0/0/0.3	192.168.30.254	30	
Switch	Fa0/1		10	
	Fa0/2		20	
	Fa0/3		30	
	Gig0/1		trunk	
PC0	Fa0	192.168.10.1/24	10	192.168.10.254
PC1	Fa0	192.168.20.1/24	20	192.168.20.254
PC2	Fa0	192.168.30.1/24	30	192.168.30.254

（2）配置交换机。

```
Switch>
Switch>en
Switch#conf t
Switch(config)#vlan 20
Switch(config-vlan)#vlan 30
Switch(config-vlan)#vlan 10
Switch(config-vlan)#exit
```

```
Switch(config)#int g0/1
Switch(config-if)#switch mode trunk
//因为 VLAN 10、VLAN 20、VLAN 30 的流量都通过该接口，所以将其设为 trunk 模式
Switch(config-if)#int f0/1
Switch(config-if)#switch mode access
Switch(config-if)#switch access vlan 10
Switch(config-if)# int f0/2
Switch(config-if)#switch mode access
Switch(config-if)#switch access vlan 20
Switch(config-if)#int f0/3
Switch(config-if)#switch mode access
Switch(config-if)#switch access vlan 30
```

（3）配置路由器。

```
Router>
Router>en
Router#conf t
Router(config)#int g0/0/0
Router(config-if)#no shut
Router(config-if)#int g0/0/0.1
//进入 Gig0/0/0 接口的子接口 g0/0/0.1
Router(config-subif)#encapsulation dot1q 10
//给路由器子接口封装 dot1q 协议，并将其划入 VLAN 20
Router(config-subif)#ip address 192.168.10.254 255.255.255.0
Router(config-subif)#int g0/0/0.2
Router(config-subif)#encapsulation dot1q 20
Router(config-subif)#ip address 192.168.20.254 255.255.255.0
Router(config-subif)#int g0/0/0.3
Router(config-subif)#encapsulation dot1q 30
Router(config-subif)#ip address 192.168.30.254 255.255.255.0
```

（4）验证主机路由是否可达。

3 台主机两两都可 ping 通，请自行验证。

（5）查看路由器的路由表。

```
Router#show ip route
Codes: L - local, C - connected, S - static, R - RIP, M - mobile, B - BGP
D - EIGRP, EX - EIGRP external, O - OSPF, IA - OSPF inter area
N1 - OSPF NSSA external type 1, N2 - OSPF NSSA external type 2
E1 - OSPF external type 1, E2 - OSPF external type 2, E - EGP
```

```
i - IS-IS, L1 - IS-IS level-1, L2 - IS-IS level-2, ia - IS-IS inter area
* - candidate default, U - per-user static route, o - ODR
P - periodic downloaded static route
Gateway of last resort is not set
192.168.10.0/24 is variably subnetted, 2 subnets, 2 masks
C 192.168.10.0/24 is directly connected, GigabitEthernet0/0/0.1
L 192.168.10.254/32 is directly connected, GigabitEthernet0/0/0.1
192.168.20.0/24 is variably subnetted, 2 subnets, 2 masks
C 192.168.20.0/24 is directly connected, GigabitEthernet0/0/0.2
L 192.168.20.254/32 is directly connected, GigabitEthernet0/0/0.2
192.168.30.0/24 is variably subnetted, 2 subnets, 2 masks
C 192.168.30.0/24 is directly connected, GigabitEthernet0/0/0.3
L 192.168.30.254/32 is directly connected, GigabitEthernet0/0/0.3
```

3 个网段均属于路由器的直连网段。

实验 9：PPP 协议配置（点对点信道）

1. 实验目的

（1）理解 PPP 协议。
（2）掌握不带认证的 PPP 协议配置。
（3）掌握 PAP、CHAP 认证的 PPP 协议配置。

2. 基础知识

点对点协议（Point to Point Protocol，PPP）为在点对点连接上传输多协议数据包提供了一个标准方法，是一种点到点的串行通信协议。这种链路提供全双工操作，并按照顺序传递数据包。

PPP 协议提供认证的功能，有两种方式，一种是 PAP，另一种是 CHAP。相对来说，PAP 的认证方式安全性没有 CHAP 高。PAP 在传输密码（password）时是明文的，而 CHAP 不传输密码，取代密码的是 Hash（哈希值）。PAP 认证是通过两次握手实现的，而 CHAP 则是通过三次握手实现的。

更多详细内容请参考《计算机网络》（第 8 版）教材 3.2 节。

常用配置命令如表 4-15 所示。

表 4-15　常用配置命令

命令格式	含　义
encapsulation PPP{HDLC}	封装指定协议
ppp authentication chap{ppp}	指定 PPP 用户认证方式

命令格式	含 义
username 对方路由器名称 password 对方路由器密码	在本路由器上记录对方路由器的名字和密码
ppp pap sent-username router1 password pass1	设置向对方发送的 PAP 认证信息

3. 实验流程

实验流程如图 4-31 所示。

图 4-31　实验流程图

4. 实验步骤

（1）拓扑如图 4-32 所示，两路由器之间用串口相连，若无串口可先关机，添加 WIC-1T 串口模块，再开机。两个串口用 PPP 协议封装，做适当配置使其互通。IP 配置地址如表 4-16 所示。

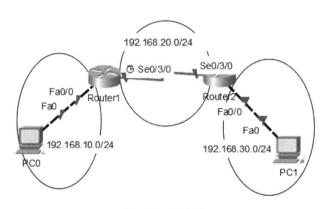

图 4-32　拓扑图

表 4-16　IP 配置地址

设备名称	端口名称	IP 地址	网关
PC0	PC0	192.168.10.1/24	192.168.10.254
Router1	Fa0/0	192.168.10.254/24	
	Se0/3/0	192.168.20.1/24	
Router2	Se0/3/0	192.168.20.2/24	
	Fa0/0	192.168.30.254/24	
PC1	PC1	192.168.30.1/24	192.168.30.254

（2）配置路由。

路由器 Router1：

```
Router>enable
Router#configure terminal
Enter configuration commands, one per line. End with CNTL/Z.
Router(config)#hostname Router1
Router1(config)#interface FastEthernet0/0
Router1(config-if)#ip address 192.168.10.254 255.255.255.0
Router1(config-if)#no shutdown
Router1(config-if)#exit
Router1(config)#interface Serial0/3/0
Router1(config-if)#ip address 192.168.20.1 255.255.255.0
Router1(config-if)#clock rate 64000
//给 DCE 端配置时钟频率
Router1(config-if)#no shutdown
Router1(config-if)#exit
Router1(config)#router rip
Router1(config-router)#version 2
Router1(config-router)#network 192.168.10.0
Router1(config-router)#network 192.168.20.0
```

路由器 Router2：

```
Router>enable
Router#configure terminal
Enter configuration commands, one per line. End with CNTL/Z.
Router(config)#hostname Router2
Router2(config)#interface Serial0/3/0
Router2(config-if)#ip address 192.168.20.2 255.255.255.0
Router2(config-if)#no shutdown
Router2(config-if)#exit
Router2(config)#interface FastEthernet0/0
Router2(config-if)#ip address 192.168.30.254 255.255.255.0
Router2(config-if)#no shutdown
Router2(config-if)#exit
Router2(config)#router rip
Router2(config-router)#version 2
Router2(config-router)#network 192.168.20.0
Router2(config-router)#network 192.168.30.0
```

经过路由配置后，此时两台 PC 是可以 ping 通的，但两台路由器之间的串行链路并没有封装 PPP 协议，这是因为 Cisco 路由器串行接口默认封装了 HDLC 协议的原因。查看串行接口的信息如下：

```
Router1#show int s0/3/0
Serial0/3/0 is up, line protocol is up (connected)
Hardware is HD64570
Internet address is 192.168.20.1/24
MTU 1500 bytes, BW 128 Kbit, DLY 20000 usec,
reliability 255/255, txload 1/255, rxload 1/255
Encapsulation HDLC, loopback not set, keepalive set (10 sec)
```

（3）封装不带认证的 PPP 协议。

实际上，尽管 HDLC 协议也是 ISO 定义的标准，但该标准被不同的厂家进行了扩展，兼容性并不好。Cisco 的 HDLC 也是专用的，有时更希望封装兼容性更好的 PPP 协议，可执行如下操作。

路由器 Router1：

```
Router1(config)#int s0/3/0
Router1(config-if)#encapsulation ppp
```

路由器 Router2：

```
Router2(config)#int s0/3/0
Router2(config-if)#encapsulation ppp
```

此时验证两台主机可以 ping 通，查看接口信息，发现已经被封装为 PPP 协议。请自行验证。

（4）封装带 PAP 认证的 PPP 协议。

在路由配通的基础上，做如下配置。

路由器 Router1：

```
Router1(config)#int s0/3/0
Router1(config-if)#encapsulation ppp
Router1(config-if)#ppp pap sent-username router1 password pass1
//进行 PAP 认证并发送认证所需的用户名和密码
Router1(config-if)#exit
Router1(config)#username router2 password pass2
//该用户名和密码为对方 PAP 认证发送的用户名和密码
```

路由器 Router2：

```
Router2(config)#int s0/3/0
```

```
Router2(config-if)#encapsulation ppp
Router2(config-if)#ppp pap sent-username router2 password pass2
//进行 PAP 认证并发送认证所需的用户名和密码
Router2(config-if)#exit
Router2(config)#username router1 password pass1
//该用户名和密码为对方 PAP 认证发送的用户名和密码
```

经验证两台主机可以 ping 通。

（5）封装带 CHAP 认证的 PPP 协议。

在路由配通的基础上，做如下配置。

路由器 Router1：

```
Router1(config)#enable secret pass1
//设置路由器特权密码，需要注意的是，此密码和 CHAP 认证密码要保持一致
Router1(config)#username router2 password pass1
Router1(config)#int s0/3/0
Router1(config-if)#encapsulation ppp
Router1(config-if)#ppp authentication chap
//设置 PPP 认证方式为 CHAP
```

路由器 Router2：

```
Router2(config)#enable secret pass1
Router2(config)#username router1 password pass1
Router2(config)#int s0/3/0
Router2(config-if)#encapsulation ppp
Router2(config-if)#ppp authentication chap
```

串口双方的密码都要一致。

此时 PC0 能 ping 通 PC1，请自行验证并查看接口信息。

实验 10：访问控制列表（ACL）

1. 实验目的

（1）理解访问控制列表的含义。

（2）初步掌握访问控制列表的配置和应用。

2. 访问控制列表基础知识

访问控制列表（Access Control List，ACL），也称接入控制列表，俗称防火墙，在有的文

档中还称为包过滤。ACL 通过定义一些规则对网络设备接口上的数据包进行控制。每个 ACL 可以包含多条规则，这些规则被组织在一起成为一个整体。

对 ACL 的命名有两种方式：编号 ACL 和命名 ACL，这些编号或命名是唯一的，在设备配置中将通过引用它们来达到控制访问的目的。

ACL 分为两种访问列表：标准 IP 访问列表和扩展 IP 访问列表，标准 IP 访问列表编号范围为 1~99、1300~1999；扩展 IP 访问列表为 100~199、2000~2699。

标准 IP 访问控制列表只对数据包中的源 IP 地址进行检查，定义规则，控制来自某个 IP 地址或 IP 网段的数据包。

扩展 IP 访问列表可以根据数据包的源 IP、目的 IP、源端口、目的端口、协议来定义规则，进行数据包的过滤。

ACL 不能过滤路由器自己生成的流量，一般来说，对于标准 ACL，建议将 ACL 尽可能靠近目的主机；对于扩展 ACL，应尽可能靠近源主机。

不管是标准 ACL 还是扩展 ACL，需要注意以下规则。

（1）在表达源 IP 和目的 IP 时，经常使用 host 和 any。

any 允许所有 IP 地址作为源地址。如下面两行是等价的：

```
Access-list 1 permit 0.0.0.0 255.255.255.255
Access-list 1 permit any
```

host 表达某一主机 IP，如下面两行是等价的：

```
Access-list 1 permit 172.16.8.1 0.0.0.0
Access-list 1 permit host 172.16.8.1
```

（2）对于有多条规则的 ACL，这些规则的顺序很重要，ACL 严格按生效的顺序进行匹配。可以使用 show running-config 或 show access-list 命令查看生效的 ACL 规则顺序。

如果分组与某条规则相匹配，则根据规则中的关键字 permit 或 deny 进行操作，所有的后续规则均被忽略。也就是说采用的是首先匹配的算法。路由器从开始往下检查列表，一次一条规则，直至发现匹配项为止。

因此，更为具体的规则应始终排列在较不具体的规则的前面。例如，以下 ACL 准许除发自子网 10.2.0.0/16 外的所有 tcp 数据报。

```
zxr10(config)#access-list 101 deny tcp 10.2.0.0 0.0.255.255 any
zxr10(config)# access-list 101 permit tcp any any
```

当 tcp 分组从子网 10.2.0.0/16 中发出时，它发现与第一项规则相匹配，从而使得该分组被丢弃。发自其他子网的 tcp 分组不与第一项规则相匹配，而与第二项规则匹配，由此这些分组得以通过。

（3）每个 ACL 的最后，系统自动附加一条隐式 deny 规则，这条规则拒绝所有数据报。

对于不与用户指定的任何规则相匹配的分组，隐式 deny 规则起到了截流的作用，所有分组均与该规则相匹配。

配置 ACL 需要实施如下步骤：

（1）创建 ACL。

（2）在接口上启用 ACL。

接口既可以是物理接口，也可以是逻辑接口，在应用时，还需要指出是出站的方向还是入站的方向。入站指从外面进入接口时检查，出站则相反。

常用配置命令如表 4-17 所示。

表 4-17　常用配置命令

命令格式	含　义
access-list ACL 列表号　deny{permit} source-ip wildcard-mask	在全局配置模式下定义 ACL。其中，deny{permit} 为拒绝{允许}，source-ip wildcard-mask 分别为源 IP 地址和通配符掩码
access-list access-list-number deny{permit} protocol{protocol-keyword} source-ip wildcard-mask destination-ip wildcard-mask {other}	在全局配置模式下定义扩展 ACL。其中，access-list-number 为 ACL 列表号，deny{permit} 为拒绝｛允许｝，source-ip wildcard-mask 分别为源 IP 地址和通配符掩码，protocol 为协议，destination-ip 和 wildcard-mask 为目的 IP 和通配符，other 项为一些其他的可选参数，如 eq www 或 eq 80，表示与该协议或其占用的端口号匹配
ip access-group access-list-number out{in}	在接口配置模式下，将 ACL 应用到该接口上。out 表示数据包从该端口出去时进行检查，in 表示数据包从该端口进来时进行检查

3. 实验流程

实验流程如图 4-33 所示。

图 4-33　实验流程图

4. 标准 ACL 实验

（1）布置拓扑。

如图 4-34 所示，Company 是公司出口路由器，对内用单臂路由连接了 3 个子网，其中 VLAN 30 里有一台公司内部服务器，只允许公司内部访问。VLAN 10 是内部员工子网，由于工作需要，不允许访问外部网络。VLAN 20 是管理人员子网，允许访问外网。这里暂不考虑公有地址和私有地址的差别。IP 地址设计如表 4-18 所示。

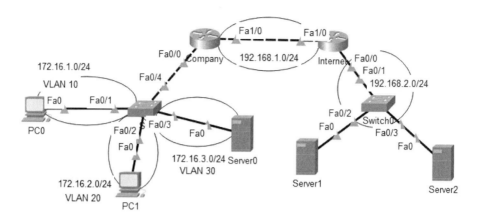

图 4-34 拓扑图

表 4-18 IP 地址

设备名称	端口	IP 地址	默认网关
路由器 Company	Fa0/0.1	172.16.1.254/24	
	Fa0/0.2	172.16.2.254/24	
	Fa0/0.3	172.16.3.254/24	
	Fa1/0	192.168.1.1/24	
路由器 Internet	Fa0/0	192.168.2.254/24	
	Fa1/0	192.168.1.2/24	
PC0	Fa0	172.16.1.1/24	172.16.1.254/24
PC1	Fa0	172.16.2.1/24	172.16.2.254/24
Server0	Fa0	172.16.3.1/24	172.16.3.254/24
Server1	Fa0	192.168.2.1/24	192.168.2.254/24
Server2	Fa0	192.168.2.2/24	192.168.2.254/24

（2）配置路由。

这里使用 RIP 协议配置路由。

交换机 Switch：

```
Switch>
Switch>en
Switch#conf t
Enter configuration commands, one per line. End with CNTL/Z.
Switch(config)#vlan 10
Switch(config-vlan)#vlan 20
Switch(config-vlan)#vlan 30
Switch(config-vlan)#int f0/1
Switch(config-if)#switch access vlan 10
Switch(config-if)#int f0/2
```

```
Switch(config-if)#switch access vlan 20
Switch(config-if)#int f0/3
Switch(config-if)#switch access vlan 30
Switch(config-if)#int f0/4
Switch(config-if)#switch mode trunk
```

路由器 Company：

```
Router>enable

Router#configure terminal
Enter configuration commands, one per line. End with CNTL/Z.
Router(config)#hostname Company
Company(config)#interface FastEthernet1/0
Company(config-if)#ip address 192.168.1.1 255.255.255.0
Company(config-if)#no shutdown
Company(config-if)#exit
Company(config)#int f0/0
Company(config-if)#no shut
Company(config-if)#int f0/0.1
Company(config-subif)#encapsulation dot1q 10
Company(config-subif)#ip addr 172.16.1.254 255.255.255.0
Company(config-subif)#int f0/0.2
Company(config-subif)#encapsulation dot1q 20
Company(config-subif)#ip addr 172.16.2.254 255.255.255.0
Company(config-subif)#int f0/0.3
Company(config-subif)#encapsulation dot1q 30
Company(config-subif)#ip addr 172.16.3.254 255.255.255.0
Company(config-subif)#exit
Company(config)#router rip
Company(config-router)#version 2
Company(config-router)#network 172.16.0.0
Company(config-router)#network 192.168.1.0
```

路由器 Internet：

```
Router>enable

Router#configure terminal
Enter configuration commands, one per line. End with CNTL/Z.
```

```
Router(config)#hostname Internet
Internet(config)#interface FastEthernet1/0
Internet(config-if)#ip address 192.168.1.2 255.255.255.0
Internet(config-if)#no shutdown
Internet(config-if)#exit
Internet(config)#interface FastEthernet0/0
Internet(config-if)#ip address 192.168.2.254 255.255.255.0
Internet(config-if)#no shutdown
Internet(config-if)#exit
Internet(config)#router rip
Internet(config-router)#version 2
Internet(config-router)#network 192.168.1.0
Internet(config-router)#network 192.168.2.0
```

经过以上配置后，路由两两可达，请自行验证。

（3）配置 ACL 并验证效果。

为满足要求，此处设计两个 ACL，分别应用在两个端口上。

路由器 Company：

```
Company(config)#access-list 1 permit 172.16.1.0 0.0.0.255
Company(config)#access-list 1 permit 172.16.2.0 0.0.0.255
//创建 access-list 1，允许两个子网通过，但规则最后自动附加一条隐式 deny 规则，这条规则
拒绝所有数据报。也就是说，只允许这两个子网访问服务器
Company(config)#access-list 2 permit 172.16.2.0 0.0.0.255
Company(config)#int f0/0.3
Company(config-subif)#ip access-group 1 out
//将 access-list 1 应用在该接口，出方向检查
Company(config-subif)#exit
Company(config)#int f1/0
Company(config-if)#ip access-group 2 out
//将 access-list 2 应用在该接口，出时检查。员工子网 VLAN 10 将匹配后面的隐式 deny 规则，
从而无法从该端口出去
```

如图 4-35 所示，在没有应用 ACL 之前，员工子网可以访问外面的 IP。

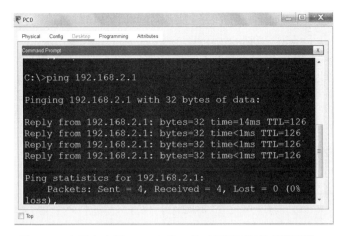

图 4-35　在没有应用 ACL 之前，员工子网可以访问外面的 IP

应用 ACL 之后，如图 4-36 所示，显示目的主机不可达信息。

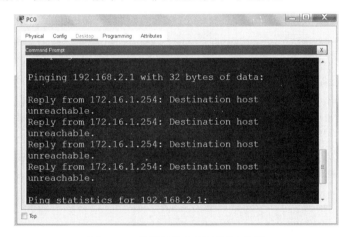

图 4-36　显示目的主机不可达信息

从外面访问公司内部服务器，如图 4-37 所示，在 ACL 的作用下，无法 ping 通。

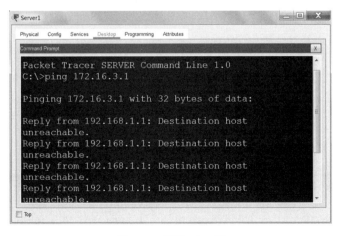

图 4-37　无法 ping 通

5. 扩展 ACL 实验步骤

（1）布置拓扑如图 4-38 所示，实验允许管理人员子网（VLAN 20）不能访问外部 Server1 的 WWW 站点，但可以访问其他 WWW 站点。员工子网（VLAN 10）不可以访问外面的网络。

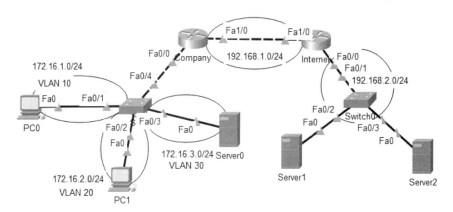

图 4-38　拓扑图

```
    Company(config)#access-list 101 deny tcp 172.16.2.0 0.0.0.255 host
192.168.2.1 eq www
    Company(config)#access-list 101 permit tcp any any eq www
    Company(config)#access-list 101 deny ip 172.16.1.0 0.0.0.255 any
    Company(config)#access-list 101 permit ip any any
    Company(config)#int f1/0
    Company(config-if)#ip access-group 101 out
```

管理人员无法访问 Server1 上的 WWW 站点，与 ACL 101（access-list 101 的简称）第 1 条规则匹配，被否定，如图 4-39 所示。

图 4-39　无法访问 Server1 上的 WWW 站点

管理人员可以访问 Server2 上的 WWW 站点，与 ACL 101 第 2 条规则匹配，被通过，如图 4-40 所示。

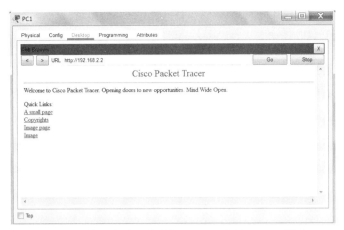

图 4-40 管理人员可以访问 Server2 上的 WWW 站点

管理人员尽管无法访问 Server1 上的 WWW 站点，但却可以 ping 通 Server1，这是因为匹配了第 4 条规则的结果，如图 4-41 所示。

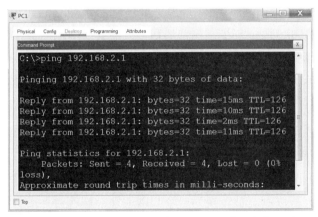

图 4-41 管理人员尽管无法访问 Server1 上的 WWW 站点，但却可以 ping 通 Server1

员工区 ping Server2 不通，但可以访问内部，因为 ACL 应用在 Compony 的 Fa1/0 接口上，如图 4-42 所示。

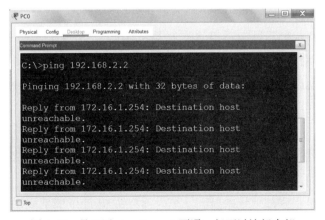

图 4-42 员工区 ping Server2 不通，但可以访问内部

实验 11：网络地址转换（NAT）实验

1. 实验目的

（1）理解地址转换 NAT 的含义。

（2）理解地址转换 NAT 的 3 种转换方式。

（3）初步掌握地址转换 NAT 的配置和应用。

2. 访问控制列表基础知识

目前，很多局域网内部使用的都是专用地址，这主要是由于全球 IP 地址的紧缺造成的。而互联网上的路由器对于目的地址为专用地址的 IP 数据报一律不进行转发，这种情况下，局域网连通互联网主要是采用了 NAT 技术。

NAT（Network Address Translation，网络地址转换）是 1994 年提出的，主要用来解决专用地址和全球地址的转换问题。局域网内部的通信只需要专用地址就可以，当访问因特网时，就可以转换成一个全球地址（公网地址）去访问，这种方法需要在专用网连接到因特网的路由器上安装 NAT 软件，装有 NAT 软件的路由器叫做 NAT 路由器，它至少有一个有效的外部全球 IP 地址。

使用 NAT 技术有以下一些优点：

（1）节省全球 IP 地址。NAT 可以让局域网内部的使用专用地址的主机共用少量的公网 IP 来访问互联网，而不需要为每一台主机都申请一个 IP，这在一定程度上节约了公网地址。

（2）由于在访问互联网时被转换为一个公网地址，这就对外部网络屏蔽了内部的网络拓扑，提高了安全性。

由于要经过地址的转换环节，所以 NAT 会轻微影响网络速度，尽管如此，仍然得到了较广泛的应用。

NAT 包括 3 种技术类型：

（1）静态 NAT 是把内部网络中的每个主机地址永久映射成外部网络中的某个合法地址。如果内部网络有对外提供服务的需求，如 WWW 服务器、FTP 服务器等，那么这些服务器的 IP 地址应该采用静态地址转换，以便外部用户可以使用这些服务。静态地址转换不能节省 IP 地址。

（2）动态 NAT 是采用把外部网络中的一系列公网地址使用动态分配的方法映射到内部网络的。转换时，从内部合法地址范围中动态地选择一个未使用的地址与内部专用地址进行转换。当然，当内部合法地址使用完毕时，后续的 NAT 申请将失败。

（3）端口映射是把内部地址映射到一个内部合法 IP 地址的不同端口上，这也是一种动态的地址转换，适用于只申请到少量 IP 地址的情况。

配置动态 IP 地址转换，可参考以下步骤：

（1）配置路由，确保路由可达。

（2）设计标准的 IP 访问控制列表，规定哪些 IP 可以被转换。

（3）设计 NAT 地址池，规定可被转换的公网地址。

（4）将访问控制列表映射到 NAT 地址池。

（5）启用 NAT。

更多详细内容请参考《计算机网络》（第 8 版）教材 4.8.2 节。

常用配置命令如表 4-19 所示。

表 4-19　常用配置命令

命令格式	含　义
ip nat inside source static 内部专用地址 内部合法地址	静态网络地址转换。内部专用地址为内部网络的私有地址，内部合法地址为向因特网管理机构申请到的全球合法地址
ip nat pool pool-name start-ip end-ip netmask netmask{prefix-length prefix-length}	定义内部 NAT 地址池，pool-name 为地址池的名字，start-ip 和 end-ip 为地址池中地址的开始和结束地址，netmask 为地址池中地址所属网络的网络掩码，prefix-length 为掩码中 1 的个数
ip nat inside source list access-list-number pool-name	将访问控制列表映射到 NAT 地址池
ip nat inside source list 访问列表号 pool 内部全局地址池的名称 overload	端口映射命令格式
ip nat inside/outside	进入接口配置模式，启用 NAT，内网接口使用 inside，外部接口使用 outside
show ip nat translations	查看 NAT 转换记录

3. 实验流程

实验流程如图 4-43 所示。

图 4-43　实验流程图

4. 动态和静态 NAT 实验步骤

（1）布置拓扑。

如图 4-44 所示，公司内部将客户端划分为三个网段，VLAN 10、VLAN 20 和 VLAN 30，其中 VLAN 10 和 VLAN 20 访问外网时将被转换成 193.1.1.0/24 的公网地址，服务器 IP 地址被静态转换为 193.1.1.254。Company 是公司出口路由器，NAT 被部署在这里，私有地址通往 ISP 时在这里被转换为公网地址。

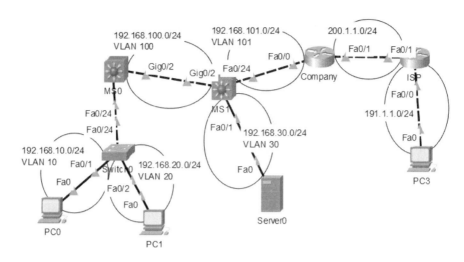

图 4-44   拓扑图

IP 地址设计如表 4-20 所示。

表 4-20   IP 地址

设备名称	端口	VLAN	IP 地址	默认网关
路由器 Company	Fa0/0		192.168.101.2/24	
	Fa0/1		200.1.1.1/24	
路由器 Internet	Fa0/0		193.1.1.254/24	
	Fa0/1		200.1.1.2/24	
MS0	Fa0/24	trunk		
	Gig0/2	100		
	VLAN 10		192.168.10.254/24	
	VLAN 20		192.168.20.254/24	
	VLAN 100		192.168.100.1/24	
MS1	Fa0/1	30		
	Fa0/24	101		
	Gig0/2	100		
	VLAN 100		192.168.100.2/24	
	VLAN 101		192.168.101.1/24	
	VLAN 30		192.168.30.254/24	
Switch0	Fa0/1	10		
	Fa0/2	20		
	Fa0/24	trunk		
PC0	Fa0		192.168.10.1/24	192.168.10.254/24
PC1	Fa0		192.168.20.1/24	192.168.20.254/24
PC3	Fa0		193.1.1.1/24	193.1.1.254/24
Server0	Fa0		192.168.30.1/24	192.168.30.254/24

（2）配置路由。各网络设备配置如下。

路由器 Company：

```
Router >enable
Router#configure terminal
Enter configuration commands, one per line. End with CNTL/Z.
Router(config)#hostname Company
Company(config)#interface FastEthernet0/0
Company(config-if)#ip address 192.168.101.2 255.255.255.0
Company(config-if)#no shutdown
Company(config-if)#exit
Company(config)#interface FastEthernet0/1
Company(config-if)#ip address 200.1.1.1 255.255.255.0
Company(config-if)#no shutdown
Company(config-if)#exit
Company(config)#router ospf 3
Company(config-router)#router-id 3.3.3.3
Company(config-router)#network 192.168.101.0 0.0.0.255 area 0
Company(config-router)#default-information originate
//在 OSPF 中重分布默认路由
Company(config-router)#exit
Company(config)#ip route 0.0.0.0 0.0.0.0 200.1.1.2
//配置默认路由
```

路由器 ISP：

```
Router>enable
Router#configure terminal
Enter configuration commands, one per line. End with CNTL/Z.
Router(config)#hostname ISP
ISP(config)#interface FastEthernet0/1
ISP(config-if)#ip address 200.1.1.2 255.255.255.0
ISP(config-if)#no shutdown
ISP(config-if)#exit
ISP(config)#interface FastEthernet0/0
ISP(config-if)#ip address 191.1.1.254 255.255.255.0
ISP(config-if)#no shutdown
ISP(config-if)#exit
ISP(config)#ip route 0.0.0.0 0.0.0.0 200.1.1.1
```

三层交换机 MS0：

```
Switch >en
```

```
Switch #conf t
Enter configuration commands, one per line. End with CNTL/Z.
Switch(config)#hostname MS0
MS0(config)#vlan 10
MS0(config-vlan)#vlan 20
MS0(config-vlan)#vlan 100
MS0(config-vlan)#exit
MS0(config)#int f0/24
MS0(config-if)#switch trunk encapsulation dot1q
MS0(config-if)#switch mode trunk
MS0(config-if)#int g0/2
MS0(config-if)#switch access vlan 100
MS0(config-if)#exit
MS0(config)#int vlan 10
MS0(config-if)#ip addr 192.168.10.254 255.255.255.0
MS0(config-if)#int vlan 20
MS0(config-if)#ip addr 192.168.20.254 255.255.255.0
MS0(config-if)#int vlan 100
MS0(config-if)#ip addr 192.168.100.1 255.255.255.0
MS0(config-if)#exit
MS0(config)#router ospf 3
MS0(config-router)#router-id 1.1.1.1
MS0(config-router)#network 192.168.10.0 0.0.0.255 area 0
MS0(config-router)#network 192.168.20.0 0.0.0.255 area 0
MS0(config-router)#network 192.168.100.0 0.0.0.255 area 0
```

三层交换机 MS1：

```
Switch >en
Switch #conf t
Enter configuration commands, one per line. End with CNTL/Z.
Switch(config)#hostname MS1
MS1(config)#vlan 30
MS1(config-vlan)#vlan 100
MS1(config-vlan)#vlan 101
MS1(config-vlan)#exit
MS1(config)#int g0/2
MS1(config-if)#switch access vlan 100
MS1(config-if)#int f0/1
MS1(config-if)#switch access vlan 30
MS1(config-if)#int f0/24
MS1(config-if)#switch access vlan 101
MS1(config-if)#exit
```

```
MS1(config)#int vlan 30
MS1(config-if)#ip addr 192.168.30.254 255.255.255.0
MS1(config-if)#int vlan 100
MS1(config-if)#ip addr 192.168.100.2 255.255.255.0
MS1(config-if)#int vlan 101
MS1(config-if)#ip addr 192.168.101.1 255.255.255.0
MS1(config-if)#exit
MS1(config)#router ospf 3
MS1(config-router)#router-id 2.2.2.2
MS1(config-router)#network 192.168.30.0 0.0.0.255 area 0
MS1(config-router)#network 192.168.100.0 0.0.0.255 area 0
MS1(config-router)#network 192.168.101.0 0.0.0.255 area 0
```

二层交换机 Switch0：

```
Switch>en
Switch#conf t
Enter configuration commands, one per line. End with CNTL/Z.
Switch(config)#hostname Switch0
Switch0(config)#vlan 10
Switch0(config-vlan)#vlan 20
Switch0(config-vlan)#exit
Switch0(config)#int f0/24
Switch0(config-if)#switch mode trunk
Switch0(config-if)#int f0/1
Switch0(config-if)#switch access vlan 10
Switch0(config-if)#int f0/2
Switch0(config-if)#switch access vlan 20
```

经过以上配置后，网络可以全部 ping 通。图 4-45 是 PC0 ping PC3 的结果图。

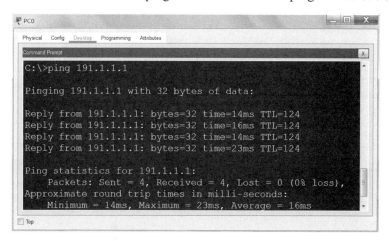

图 4-45 PC0 ping PC3 的结果图

（3）在 Company 上配置 NAT。

路由器 Company：

```
Company(config)#access-list 1 permit 192.168.10.0 0.0.0.255
Company(config)#access-list 1 permit 192.168.20.0 0.0.0.255
Company(config)#access-list 1 permit 192.168.30.0 0.0.0.255
//配置标准访问列表，定义可被转换的专用地址
Company(config)#ip nat pool companypool 193.1.1.1 193.1.1.253 netmask
255.255.255.0
//定义公网地址池
Company(config)#ip nat inside source static 192.168.30.1 193.1.1.254
//为服务器定义一个静态转换的公网地址
Company(config)#ip nat inside source list 1 pool companypool
//将地址池与访问列表关联起来
Company(config)#int f0/0
Company(config-if)#ip nat inside
//定义内网接口
Company(config-if)#int f0/1
Company(config-if)#ip nat outside
//定义外网接口
```

（4）查看 NAT 转换记录。

从 PC0 ping PC3，然后在 Company 上查看转换记录：

```
Company#show ip nat translations
Pro       Inside global      Inside local        Outside local        Outside global
icmp      193.1.1.1:17       192.168.10.1:17     191.1.1.1:17         191.1.1.1:17
icmp      193.1.1.1:18       192.168.10.1:18     191.1.1.1:18         191.1.1.1:18
icmp      193.1.1.1:19       192.168.10.1:19     191.1.1.1:19         191.1.1.1:19
icmp      193.1.1.1:20       192.168.10.1:20     191.1.1.1:20         191.1.1.1:20
--- 193.1.1.254 192.168.30.1 --- ---
```

从 Server0 ping PC3，将被转换为 193.1.1.254。再次在 Company 上查看转换记录：

```
Company#show ip nat translations
Pro       Inside global      Inside local        Outside local        Outside global
icmp      193.1.1.254:5      192.168.30.1:5      191.1.1.1:5          191.1.1.1:5
icmp      193.1.1.254:6      192.168.30.1:6      191.1.1.1:6          191.1.1.1:6
icmp      193.1.1.254:7      192.168.30.1:7      191.1.1.1:7          191.1.1.1:7
icmp      193.1.1.254:8      192.168.30.1:8      191.1.1.1:8          191.1.1.1:8
--- 193.1.1.254 192.168.30.1 --- ---
```

第 5 章　运输层

实验 1：TCP 连接实验

1. 实验目的

理解 TCP 连接过程。

2. 基础知识

传输控制协议（Transmission Control Protocol，TCP）是运输层的两个主要协议之一，是面向连接的协议，即双方在通信之前必须要先建立连接，通信结束后必须要释放连接。

TCP 在建立连接的过程中，客服双方要交换三个报文段，就是所谓的三次握手。为什么要三次握手？主要原因在于连接请求报文可能会延迟到达服务器，在这段时间里，客户端会因超时等因素重新发出新的连接请求。而对服务器来说，就有可能会收到两个连接请求，而其中一个显然是失效的，不应该建立连接。如果采用两次握手的机制，那么就会建立两个连接，这样就消耗了服务器的资源。

三次握手过程如图 5-1 所示。

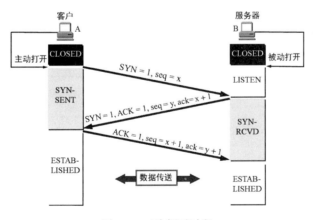

图 5-1　三次握手过程

第一次握手时，PC 向服务器 TCP 发出连接请求报文段，这时首部的同步位 SYN=1，同时选择一个初始序号 seq=x，客户端状态为 SYN_SENT。

第二次握手为服务器收到连接请求报文之后，同意建立连接，向客户端发送确认报文。在确认报文段中 SYN 位和 ACK 位都为 1，确认号 ack=x+1，同时初始序号 seq=y。

第三次握手为客户端收到服务器的确认后，还要向服务器发出确认，确认报文段的 ACK 置 1，ack=y+1，自己的序号为 seq=x+1。

详细内容请参考《计算机网络》（第 8 版）教材 5.9.1 节。

3. 实验流程

实验流程如图 5-2 所示。

图 5-2　实验流程图

4. 实验步骤

（1）实验拓扑及 IP 设计如图 5-3 所示。

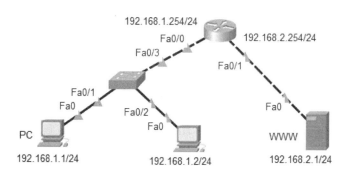

图 5-3　实验拓扑及 IP 设计图

（2）配置 IP 及路由，确保 PC 能 ping 通。

（3）将工作区切换到模拟模式，并只选中 TCP 协议。打开 PC 客户端的桌面，单击浏览器，并输入 WWW 服务器的 IP 地址，按回车键。由于应用层 HTTP 协议在运输层使用 TCP 协议，所以在 PC 处封装了 TCP 报文段，如图 5-4 所示。

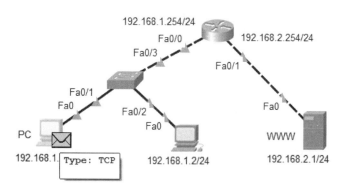

图 5-4　PC 处封装了 TCP 报文段

单击 TCP 报文段，观察 TCP 报文段的内容。双方首先需要先建立 TCP 连接，接下来观察三次握手的情况。图 5-5 为第一次握手封装的 TCP 报文段。其 SYN=1，seq=0。

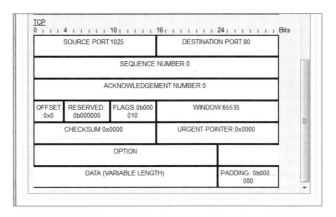

图 5-5 第一次握手封装的 TCP 报文段

图 5-6 为 WWW 服务器的出站 TCP 报文段,属于第二次握手。其 SYN=1,ACK=1,seq=0,ack=1。

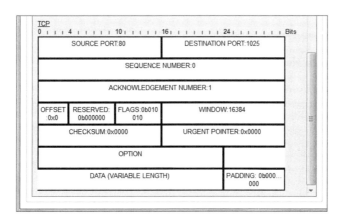

图 5-6 第二次握手

图 5-7 为 PC 封装的 TCP 报文段,属于第三次握手。其 ACK=1,seq=0+1=1,ack=1。经过三次握手后,开始传输数据。

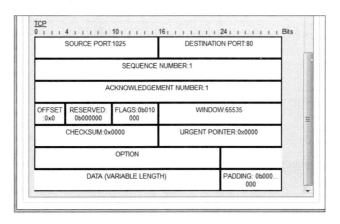

图 5-7 第三次握手

第6章 应用层

实验1：域名系统（DNS）实验

1. 实验目的

（1）理解因特网域名解析系统的作用。

（2）理解域名解析的过程。

（3）掌握简单的 DNS 服务器配置。

2. 基础知识

域名系统（Domain Name System，DNS）是因特网的一项核心服务，用来把域名翻译成 IP 地址。因特网的路由需要 IP 地址，绝大多数应用都是基于 IP 之上的应用，但对用户来说，直接使用 IP 地址去访问一些资源是比较困难的，用户更容易记忆一些有意义的域名，DNS 被用来提供域名和 IP 地址之间的翻译功能，当然对用户来说，这些都是透明的。

详细内容请参考《计算机网络》（第 8 版）教材 6.1 节。

3. 实验流程

实验流程如图 6-1 所示。

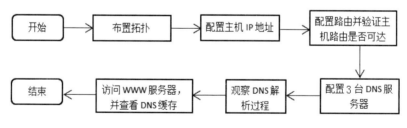

图 6-1 实验流程图

4. 实验步骤

（1）布置拓扑，如图 6-2 所示，网络共划分为 5 个网段，共设置 3 台 DNS 服务器，1 台 Web 服务器。example.com 域由公司的 authority.example.com 服务器负责解析，公司 WWW 站点对外域名为 www.example.com，其有一个别名 server.example.com。外面主机 Client 想请求域名解析，需先请求本地 DNS 服务器，再请求根域名服务器，注意观察实验过程。

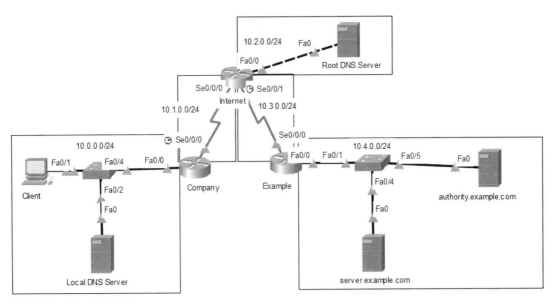

图 6-2　拓扑图

其 IP 地址规划如表 6-1 所示。

表 6-1　IP 地址

设备名称	接口	IP 地址	网关	备注
Company 路由器	Fa0/0	10.0.0.1/24		
	Se0/0/0(DCE)	10.1.0.1/24		需配置时钟频率
Internet 路由器	Fa0/0	10.2.0.1/24		
	Se0/0/0	10.1.0.2/24		
	Se0/0/1(DCE)	10.3.0.1/24		需配置时钟频率
Example 路由器	Se0/0/0	10.3.0.2/24		
	Fa0/0	10.4.0.1/24		
Client	Fa0	10.0.0.2/24	10.0.0.1/24	
Local DNS Server	Fa0	10.0.0.3/24	10.0.0.1/24	
Root DNS Server	Fa0	10.2.0.2/24	10.2.0.1/24	
authority.example.com	Fa0	10.4.0.2/24	10.4.0.1/24	
server.example.com	Fa0	10.4.0.3/24	10.4.0.1/24	

（2）配置路由。

省略。

由 Client（PC）分别 ping 通 4 台服务器，确保路由均可达。

（3）配置 DNS 服务器。

Local DNS Server 的 DNS 服务器添加过程记录如图 6-3 所示。

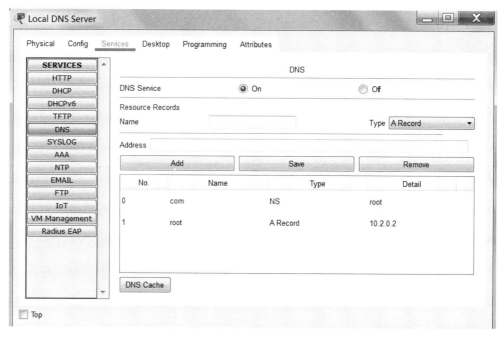

图 6-3　Local DNS Server 的 DNS 服务器添加过程记录

Root DNS Server 服务器的配置情况如图 6-4 所示。

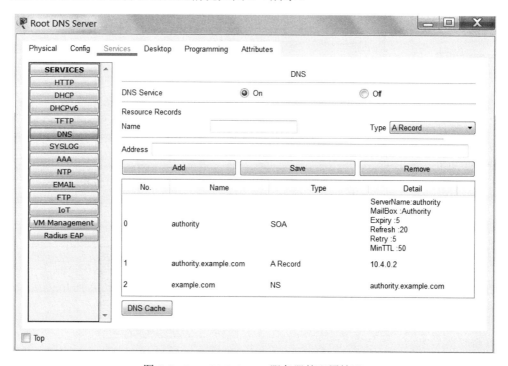

图 6-4　Root DNS Server 服务器的配置情况

authority.example.com 服务器的配置情况如图 6-5 所示。

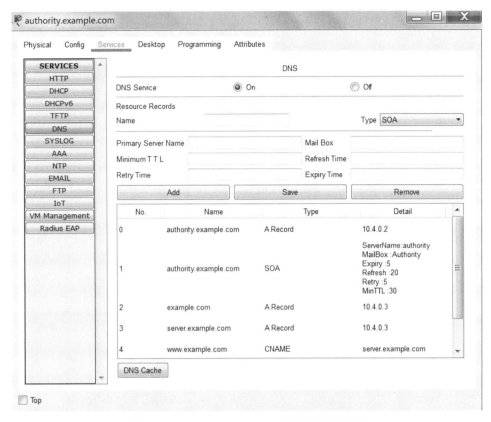

图 6-5 authority.example.com 服务器的配置情况

在 SOA 记录中将 MinTTL 值设置为 30，意味着从 authority.example.com 中检索出保留在 Root DNS Server 中的记录和 Local DNS Server 缓存中的记录的时间为 30s。

（4）观察 DNS 服务过程。

由 Client（PC）ping 网址 www.example.com，先分析一下请求的过程。由于所 ping 的是一个域名，所以需要请求域名解析服务将域名翻译为 IP 地址。此时将请求 Client 中所设置的 DNS 服务器，即 Local DNS Server 提供域名解析服务，但根据前面的设置，该服务器中并没有所请求域名的记录，该域名包含在 com 域中，从 NS 记录中看出，应该去请求 root 的服务，显然，该 root 对应于 10.2.0.2，即 Root DNS Server。

观察到 Root DNS Server 中也没有所请求域名的记录，由前面所介绍的知识可知，应该向 10.4.0.2，即 authority.example.com 服务器进一步查询。

在 authority.example.com 的第 4 条中找到该域名，但该域名对应了一个别名 server.example.com，进一步分析可知，其最终对应的 IP 地址为 10.4.0.3，最终将该地址返回到 Client 中。

以上过程在模拟模式下，可以清楚地看到这样一个递归的请求过程，如图 6-6 所示。

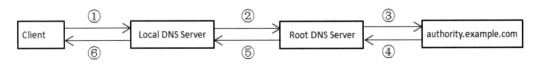

图 6-6 请求过程

（5）由 Client（PC）的浏览器访问 http://www.example.com。

ping 命令结束后，由于 Local DNS Server 中已经有了该域名的记录，该记录默认保持 30s，如图 6-7 所示。此时马上用浏览器去访问该域名，可以发现直接从 Local DNS Server 中得到了解析结果。访问网页如图 6-8 所示。

图 6-7　默认保持 30s

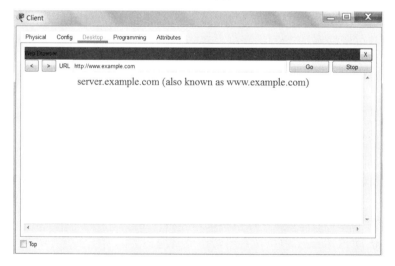

图 6-8　访问网页

实验 2：万维网（WWW）实验

1. 实验目的

（1）理解 WWW 站点。

（2）理解上层应用与下层通信网络的关系。

（3）掌握简单的 WWW 服务器配置。

2. 基础知识

万维网 WWW 是 World Wide Web 的简称，也称 Web、3W 等，是存储在 Internet 上各计算机中数量庞大的文档的集合。这些文档称为页面，它是一种超文本（Hypertext）信息，可以用于描述超媒体。文本、图形、视频、音频等多媒体，称为超媒体。Web 上的信息就是由彼此关联的文档组成的，通过超链接将它们连接在一起。利用链接从一个站点跳到另一个站点，这样就使得很多非专业用户也能很方便地使用 Internet 上的资源。

更多详细内容请参考《计算机网络》（第 8 版）教材 6.4 节。

3. 实验流程

实验流程如图 6-9 所示。

图 6-9 实验流程图

4. 实验步骤

（1）布置拓扑，如图 6-10 所示，网络共划分为 3 个网段，设置 1 台 Web 服务器，1 台主机。实验中用主机去访问 Web 服务器。

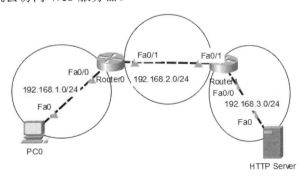

图 6-10 拓扑图

其 IP 地址规划如表 6-2 所示。

表 6-2 IP 地址

设备名称	接口	IP 地址	网关	备注
Router0	Fa0/0	192.168.1.254/24		
	Fa0/1	192.168.2.1/24		
Router1	Fa0/0	192.168.3.254/24		
	Fa0/1	192.168.2.2/24		
PC0	Fa0	192.168.1.1/24	192.168.1.254	
HTTP Server	Fa0	192.168.3.1/24	192.168.3.254/24	

（2）配置路由。

具体步骤省略。要求 PC0 能 ping 通 Web 服务器的 IP 地址。

（3）配置 Web 服务器。

如图 6-11 所示，可在此界面增加、移除或编辑文件，7.0 版本支持 JavaScript 和 CSS。

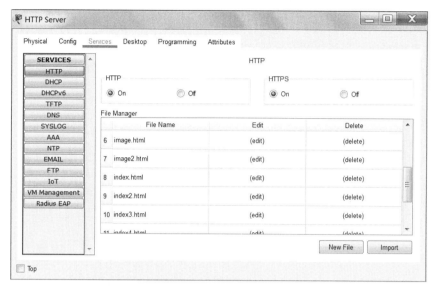

图 6-11　增加、移除或编辑文件

下面是 index.html 的代码：

```
<html>
<center><font size='+2' color='blue'>Cisco Packet Tracer</font></center>
<hr>Welcome to Cisco Packet Tracer. Opening doors to new opportunities. Mind
Wide Open.
<p>Quick Links:
<br><a href='helloworld.html'>A small page</a>
<br><a href='copyrights.html'>Copyrights</a>
<br><a href='image.html'>Image page</a>
<br><a href='cscoptlogo177x111.jpg'>Image</a>
<br><br>
<b>Testing HTML pages with Javascript and Stylesheet</b>
<ul>
<li><button type="button" onclick="myFunction()">点此调用 javascript 方法</button>
<script>
function myFunction()
{
alert("你好，调用成功!");
}
```

```
    </script>
    <li><a href="index2.html">HTML page with an external javascript file
(index2.html)</a>
    <li><a href="index3.html">HTML page with an external stylesheet file
(index3.html)</a>
    <li><a href="index4.html">HTML page with both external javascript and
stylesheet files (index4.html)</a>
    <li><a href='image.html'>Image page: Test for a previously saved file with
the image file in the directory of the pkt file</a>
    <li><a href='image2.html'>Image page: Test for with the image file imported
in the PT Server</a>
    </html>
```

（4）访问 Web 服务器，自动打开 index.html，单击"点此调用 javascript 方法"按钮，调用一个 JavaScript 的方法，弹出小提示框，如图 6-12 所示。

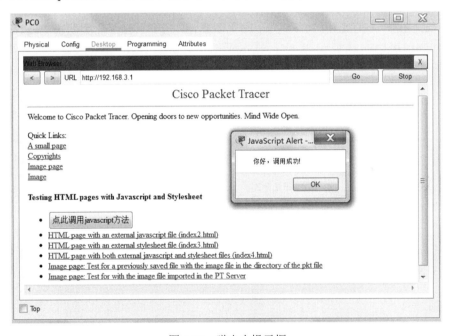

图 6-12　弹出小提示框

实验 3：远程终端协议（Telnet）实验

1. 实验目的

（1）理解远程登录 Telnet 的含义。
（2）掌握利用 Telnet 登录到路由器的方法。

2. 基础知识

Telnet 协议是 TCP/IP 协议族中的一员，是 Internet 远程登录服务的标准协议和主要方式。它可以从本地计算机登录到远程主机上，来远程操控主机，对用户来说，就好像直接在操控远程主机一样。

详细内容请参考《计算机网络》（第 8 版）教材 6.3 节。

3. 实验流程

实验流程如图 6-13 所示。本实验从主机 PC0 上远程登录到路由器，之后可在 PC0 上对路由器进行操作配置。

图 6-13　实验流程图

4. 实验步骤

（1）布置拓扑，如图 6-14 所示，为了简单明确，网络中只设了一个网段 192.168.1.0/24，关键是确保路由可达。

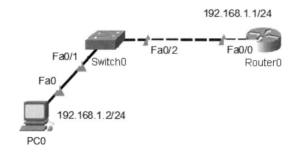

图 6-14　拓扑图

（2）配置路由器和主机的网络参数。

```
Router>enable
Router#configure terminal
Enter configuration commands, one per line. End with CNTL/Z.
Router(config)#interface FastEthernet0/0
Router(config-if)#ip address 192.168.1.1 255.255.255.0
Router(config-if)#no shutdown
Router(config-if)#exit
Router(config)#enable secret 123
Router(config)#line vty 0 4
//进入路由器的线路模式，开通虚通道
```

```
Router(config-line)#password 123
//设置虚通道的密码
Router(config-line)#login
Router(config-line)#exit
```

（3）在 PC0 上打开命令行，输入 telnet 192.168.1.1，出现输入密码的提示后键入预先设置好的密码"123"。注意该密码在界面上是看不到的，这也是一种安全保护。之后就可以进入路由器的配置界面了，如图 6-15 所示。

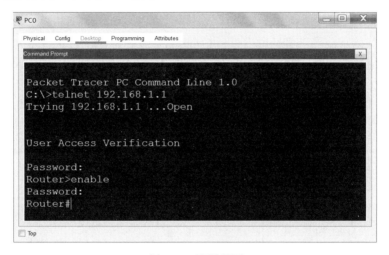

图 6-15 配置界面

另外，使用远程登录去登录配置路由器，必须配置 enable secret 密码，否则在进入用户模式后，无法继续进入特权模式进行配置。

实验 4：电子邮件实验

1. 实验目的

（1）理解电子邮件的含义。
（2）理解邮件系统的工作过程。
（3）掌握简单的邮件服务器配置。

2. 基础知识

电子邮件是一种用电子手段提供信息交换的通信方式，是互联网应用最广泛的服务之一。电子邮件把邮件发送到收件人使用的邮件服务器，并放在其中的收件人邮箱中，收件人可随时上网到自己所使用的邮箱读取。电子邮件不仅使用方便，而且还具有传递迅速和费用低廉的优点。现在电子邮件不仅可传送文字信息，而且还可附上声音和图像。电子邮件的存在极大地方便了人与人之间的沟通与交流，促进了社会的发展。

更多详细内容请参考《计算机网络》（第 8 版）教材 6.5 节。

3. 实验流程

实验流程如图 6-16 所示。实验中两个主机用户可相互发送和接收邮件。

图 6-16 实验流程图

4. 实验步骤

（1）布置拓扑，如图 6-17 所示，网络中共划分 3 个网段，设置 1 台 DNS 服务器，2 台 Email 服务器，2 台主机。

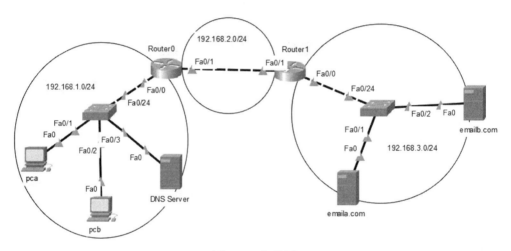

图 6-17 拓扑图

其 IP 地址规划如表 6-3 所示。

表 6-3 IP 地址规划

设备名称	接口	IP 地址	网关	DNS 服务器
Router0	Fa0/0	192.168.1.254/24		
	Fa0/1	192.168.2.1/24		
Router1	Fa0/0	192.168.3.254/24		
	Fa0/1	192.168.2.2/24		
pca	Fa0	192.168.1.1/24	192.168.1.254	192.168.1.3
pcb	Fa0	192.168.1.2/24	192.168.1.254	192.168.1.3
DNS Server	Fa0	192.168.1.3/24	192.168.1.254	192.168.1.3
emaila.com(Server)	Fa0	192.168.3.1/24	192.168.3.254	192.168.1.3
emailb.com(Server)	Fa0	192.168.3.2/24	192.168.3.254	192.168.1.3

（2）配置主机和服务器的网络参数，并配置路由，使网络全通。

具体配置略。

（3）配置主机端用户代理，即电子邮件客户端软件。打开 pca 的 Desktop，打开 Email，单击 Configure Mail，出现如图 6-18 所示的界面，如图填入参数，密码在这里设置为 pcapassword。配置完成后单击 Save 按钮保存。

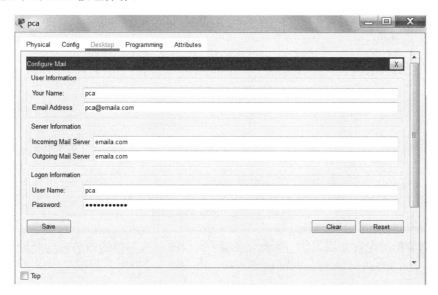

图 6-18　打开 pca 的 Desktop

pcb 的配置如图 6-19 所示。

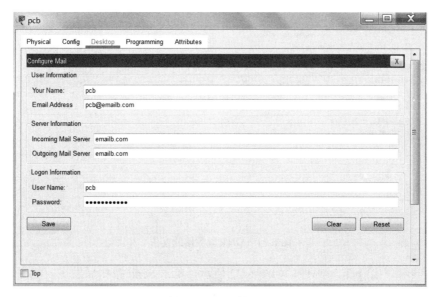

图 6-19　pcb 的配置

（4）配置服务器。

邮件服务器的配置以 emailb.com 为例，如图 6-20 所示，主要是将客户 pcb 的用户账号和密码添加进去。

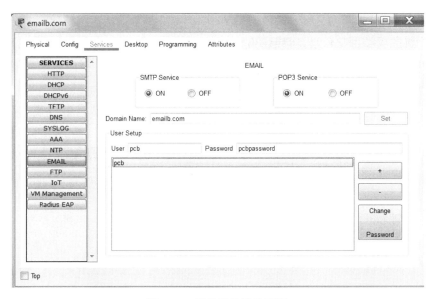

图 6-20　邮件服务器的配置

DNS 服务器的配置如图 6-21 所示，添加了两台邮件服务器的域名，这是因为客户代理端设置的 SMTP 和 POP3 都是添加的域名。

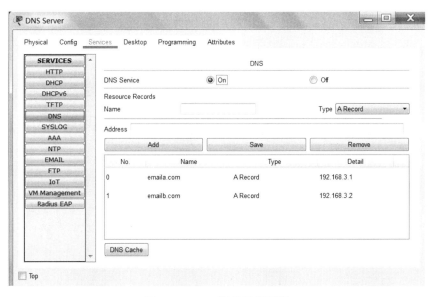

图 6-21　DNS 服务器的配置

（5）在 pca 中给 pcb 写邮件，如图 6-22 所示，单击 Send 按钮后发送。注意该邮件先被发送到自己的邮件服务器，然后再被发送到对方的邮件服务器。

在 pcb 中打开邮件客户端软件，单击 Receive 按钮，就可收到 pca 发送来的邮件了，如图 6-23 所示。

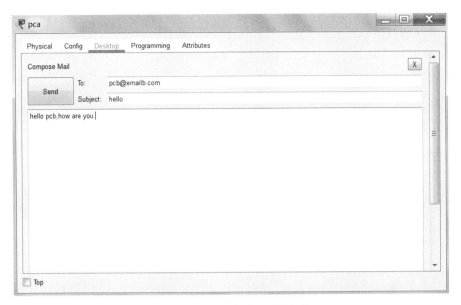

图 6-22　在 pca 中给 pcb 写邮件

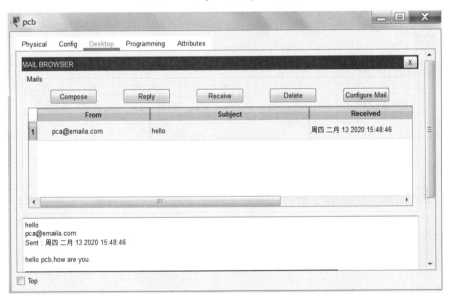

图 6-23　收到 pca 发送来的邮件

（5）切换到模拟模式下，只选中 SMTP 和 POP3 协议，由 pca 向 pcb 发送邮件，观察 SMTP 分组的轨迹。可以看到两件事，其一是 SMTP 分组在 pca 处封装，然后沿路由到达其邮件服务器 emaila.com，再由邮件服务器将回复沿路由发送到 pca；其二是由客户 pca 的邮件服务器 emaila.com 将邮件发送到客户 pcb 的邮件服务器 emailb.com 上。

在 pcb 中单击 Receive 按钮，可以观察到 pcb 处封装了 POP3 分组，该分组按路由到达 emailb.com 邮件服务器，再由邮件服务器将邮件送回 pcb。这样就完成了收发邮件的过程。

请读者自行观察。

实验 5：动态主机配置协议（DHCP）实验

1. 实验目的

（1）理解动态主机配置协议的含义。

（2）掌握 DHCP 服务器的配置。

2. 基础知识

DHCP（Dynamic Host Configuration Protocol，动态主机配置协议）通常被应用在局域网络环境中，由服务器控制一段 IP 地址范围，对 DHCP 客户机进行集中的管理、分配 IP 地址，使客户机动态地获得 IP 地址、网关地址和 DNS 服务器地址等网络参数。

DHCP 有以下优点：

（1）减轻网络管理人员的负担。

（2）能够提升地址的使用率。

（3）可以和其他（如静态分配）的地址共存。

更多详细内容请参考《计算机网络》（第 8 版）教材 6.6 节。

3. 实验流程

实验流程如图 6-24 所示。

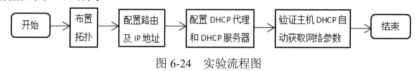

图 6-24　实验流程图

4. 实验步骤

（1）布置拓扑，如图 6-25 所示，网络共划分为 3 个网段，设置 1 台服务器，IP 地址静态划分，其余主机网络参数自动获取。实验中 DHCP 服务器为 Router0，但由于 Router0 并不与主机在相同网段，所以，需要三层交换机作为中继代为请求 DHCP 服务。

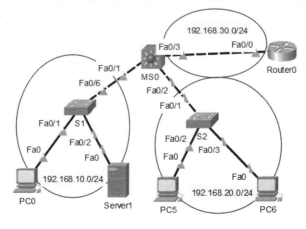

图 6-25　拓扑图

其 IP 地址规划如表 6-4 所示。

表 6-4 IP 地址规划

设备名称	接口	VLAN	IP 地址	网关
Router0	Fa0/0		192.168.30.2/24	
MS0	Fa0/1	trunk	192.168.3.254/24	
	Fa0/2	trunk	192.168.2.2/24	
	Fa0/3	30		
	VLAN 10		192.168.10.254/24	
	VLAN 20		192.168.20.254/24	
	VLAN 30		192.168.30.1/24	
PC0	Fa0	10	自动获取	自动获取
Server1	Fa0	10	192.168.10.1/24	192.168.10.254
PC5	Fa0	20	自动获取	自动获取
PC6	Fa0	20	自动获取	自动获取

（2）配置路由。

三层交换机 MS0 的配置：

```
Switch>en
Switch#conf t
Enter configuration commands, one per line. End with CNTL/Z.
Switch(config)#hostname MS0
MS0 (config)#int range f0/1-2
MS0 (config-if-range)#switch trunk encapsulation dot1q
MS0 (config-if-range)#switch mode trunk
MS0 (config-if-range)#exit
MS0 (config)#vlan 10
MS0 (config-vlan)#vlan 20
MS0 (config-vlan)#vlan 30
MS0 (config-vlan)#int f0/3
MS0 (config-if)#switch access vlan 30
//利用 SVI 来和路由器相连
MS0 (config-if)#exit
MS0 (config)#ip routing
MS0 (config)#int vlan 10
MS0 (config-if)#ip address 192.168.10.254 255.255.255.0
MS0 (config-if)#int vlan 20
MS0 (config-if)#ip address 192.168.20.254 255.255.255.0
MS0 (config-if)#int vlan 30
```

```
MS0 (config-if)#ip address 192.168.30.1 255.255.255.0
MS0 (config)#router rip
MS0 (config-router)#version 2
MS0 (config-router)#network 192.168.10.0
MS0 (config-router)#network 192.168.20.0
MS0 (config-router)#network 192.168.30.0
MS0 (config-router)#exit
```

路由器 Router0 的配置：

```
Router>enable
Router#configure terminal
Enter configuration commands, one per line. End with CNTL/Z.
Router(config)#hostname Router0
Router0(config)#interface FastEthernet0/0
Router0(config-if)#ip address 192.168.30.2 255.255.255.0
Router0(config-if)#no shutdown
Router0(config-if)#exit
Router0(config)#router rip
Router0(config-router)#version 2
Router0(config-router)#network 192.168.30.0
Router0(config-router)#exit
```

（3）配置中继代理和 DHCP 服务器。

三层交换机 MS0 的配置：

```
MS0(config)#int vlan 10
MS0(config-if)#ip helper-address 192.168.30.2
//该接口作为 DHCP 中继，为该网段的主机指定上级 DHCP 服务器的地址
MS0(config-if)#int vlan 20
MS0(config-if)#ip helper-address 192.168.30.2
```

路由器 Router0 的配置：

```
Router0(config)#ip dhcp pool pool10
Router0(dhcp-config)#network 192.168.10.0 255.255.255.0
Router0(dhcp-config)#default-router 192.168.10.254
//配置 DHCP 地址池名称为 pool10，并说明地址池对应的网段、默认网关等需要的网络参数，该网
段中的地址将被自动分配
Router0(dhcp-config)#exit
Router0(config)#ip dhcp pool pool20
```

```
Router0(dhcp-config)#network 192.168.20.0 255.255.255.0
Router0(dhcp-config)#default-router 192.168.20.254
Router0(dhcp-config)#exit
Router0(config)#ip dhcp excluded-address 192.168.10.1 192.168.10.100
//从地址池中排除部分地址，作为保留，不被自动分配
```

路由器中共配置了两个地址池，分别给 VLAN 10 和 VLAN 20 分配网络参数。

（4）验证主机自动获取 IP 地址。

如图 6-26 所示，以 PC0 为例，可以自动获得 IP 地址。

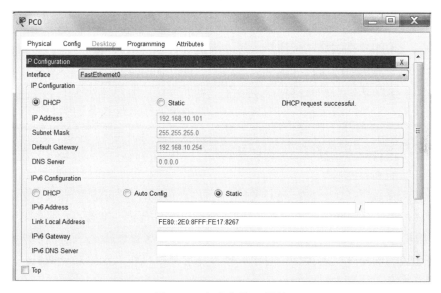

图 6-26　自动获得 IP 地址

读者可以在模拟状态下进一步观察 DHCP 服务的更多细节。

第 7 章　校园网综合实验

实验 1：校园网综合实验

1. 项目设计

具备一定规模的局域网通常采用核心层、汇聚层、接入层的三层设计模型。

一般将网络中直接面向用户连接或访问网络的部分称为接入层，接入层设备通常可以使用集线器或者二层交换机，具有低成本和高端口密度特性。汇聚层连接接入层和核心层，多采用三层交换机，是接入层交换机的汇聚点，它处理来自接入层设备的所有通信量，需要更高的性能和交换速率，一些访问策略也经常被做在这里。网络主干部分称为核心层，核心层的主要目的在于通过高速转发通信，提供可靠的骨干传输结构，因此核心层交换机应拥有更高的可靠性、性能和吞吐量。

校园中有两栋教学楼、一栋行政办公楼、一栋宿舍楼和一栋信息中心楼。信息中心楼是校园网络设备的中心，由此通向 Internet。信息中心设置 3 台核心交换机，服务器直接连接在 1 台核心交换机上。两栋教学楼、行政办公楼和宿舍楼中各设置 1 台三层交换机和若干二层交换机，并通过三层交换机连接到信息中心楼。三层交换机作为汇聚层交换机，二层交换机作为接入层交换机。

路由协议采用 OSPF，为限制 LSA 的通告范围，提高网络性能，划分了 3 个区域，核心设备运行在 area 0，教学区属于 area 10，行政区和宿舍区属于 area 20。另外，为便于扩展，接入层交换机与汇聚层交换机的连接均采用 trunk 模式。

限于篇幅和模拟器的因素，校园网设计在建筑物和部门单位上均进行了简化，汇聚层和核心层交换机使用 S3560 三层交换机，链路带宽均使用了快速以太网接口，仅用于做逻辑上的验证。

2. 实验流程

实验流程如图 7-1 所示。

图 7-1　实验流程图

3. 实验步骤

（1）布置拓扑，如图 7-2 所示，IP 地址规划如表 7-1 所示。

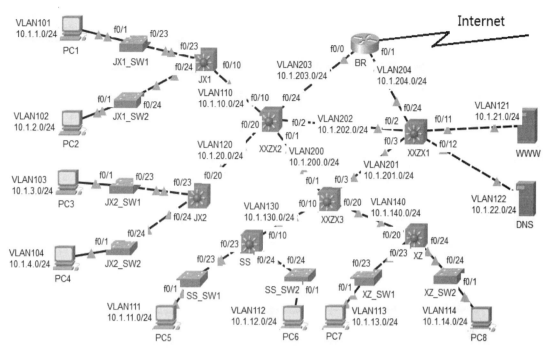

图 7-2　拓扑图

表 7-1　IP 地址规划

建筑物	设备名称	接口	VLAN	IP 地址	默认网关/域名服务器	区域(area)
信息中心楼	BR	f0/0		10.1.203.2/24		0
		f 0/1		10.1.204.2/24		0
	XXZX1	VLAN202		10.1.202.2/24		0
		VLAN201		10.1.201.2/24		0
		VLAN204		10.1.204.1/24		0
		VLAN121		10.1.21.254/24		0
		VLAN122		10.1.22.254/24		0
		f0/11	121			
		f0/12	122			
		f0/2	202			
		f0/3	201			
		f0/24	204			
	XXZX2	VLAN200		10.1.200.1/24		0
		VLAN202		10.1.202.1/24		0
		VLAN203		10.1.203.1/24		0
		VLAN110		10.1.10.2/24		10
		VLAN120		10.1.20.2/24		10
		f0/1	200			

建筑物	设备名称	接口	VLAN	IP 地址	默认网关/域名服务器	区域（area）
信息中心楼	XXZX2	f0/2	202			
		f0/10	110			
		f0/20	120			
		f0/24	203			
	XXZX3	VLAN200		10.1.200.2/24		0
		VLAN201		10.1.201.1/24		0
		VLAN130		10.1.130.2/24		20
		VLAN140		10.1.140.2/24		20
		f0/1	200			
		f0/3	201			
		f0/10	130			
		f0/20	140			
	WWW	fa0		10.1.21.1/24	10.1.21.254/24	
	DNS	fa0		10.1.22.1/24	10.1.22.254/24	
教学楼 1	JX1	VLAN110		10.1.10.1/24		10
		VLAN101		10.1.1.254/24		10
		VLAN102		10.1.2.254/24		10
		f0/23	Trunk			
		f0/24	Trunk			
		f0/10	110			
	JX1_SW1	f0/1	101			
		f0/23	Trunk			
	JX1_SW2	f0/1	102			
		f0/24	Trunk			
	PC1			10.1.1.1/24	10.1.1.254/10.1.22.1	
	PC2			10.1.2.1/24	10.1.2.254/10.1.22.1	
教学楼 2	JX2	VLAN120		10.1.20.1/24		10
		VLAN103		10.1.3.254/24		10
		VLAN104		10.1.4.254/24		10
		f0/23	Trunk			
		f0/24	Trunk			
		f0/20	120			

建筑物	设备名称	接口	VLAN	IP 地址	默认网关/域名服务器	区域（area）
教学楼 2	JX2_SW1	f0/1	103			
		f0/23	Trunk			
	JX2_SW2	f0/1	104			
	JX2_SW2	f0/24	Trunk			
	PC3			10.1.3.1/24	10.1.3.254/10.1.22.1	
	PC4			10.1.4.1/24	10.1.4.254/10.1.22.1	
宿舍楼	SS	VLAN130		10.1.130.1/24		20
		VLAN111		10.1.11.254/24		20
		VLAN112		10.1.12.254/24		20
		f0/23	Trunk			
		f0/24	Trunk			
		f0/10	130			
	SS_SW1	f0/1	111			
		f0/23	Trunk			
	SS_SW2	f0/1	112			
		f0/24	Trunk			
	PC5			10.1.11.1/24	10.1.11.254/10.1.22.1	
	PC6			10.1.12.1/24	10.1.12.254/10.1.22.1	
行政办公楼	XZ	VLAN140		10.1.140.1/24		20
		VLAN113		10.1.13.254/24		20
		VLAN114		10.1.14.254/24		20
		f0/23	Trunk			
		f0/24	Trunk			
		f0/20	140			
	XZ_SW1	f0/1	113			
		f0/23	Trunk			
	XZ_SW2	f0/1	114			
		f0/24	Trunk			
	PC7			10.1.13.1/24	10.1.13.254/10.1.22.1	
	PC8			10.1.14.1/24	10.1.14.254/10.1.22.1	

（2）配置设备。

路由器 BR：

```
Router>enable
Router#configure terminal
Enter configuration commands, one per line. End with CNTL/Z.
Router(config)#hostname BR
BR(config)#interface FastEthernet0/0
BR(config-if)#ip address 10.1.203.2 255.255.255.0
BR(config-if)#no shutdown
BR(config-if)#exit
BR(config)#interface FastEthernet0/1
BR(config-if)#ip address 10.1.204.2 255.255.255.0
BR(config-if)#no shutdown
BR(config-if)#exit
BR(config)#router ospf 5
BR(config-router)#router-id 10.2.0.1
BR(config-router)#redistribute connected subnets
//在 OSPF 中重分布路由器的直连网络
BR(config-router)#network 10.1.203.0 0.0.0.255 area 0
BR(config-router)#network 10.1.204.0 0.0.0.255 area 0
```

核心层交换机 XXZX2：

```
Switch>en
Switch#conf t
Enter configuration commands, one per line. End with CNTL/Z.
Switch(config)#hostname XXZX2
XXZX2(config)#vlan 200
XXZX2(config-vlan)#vlan 202
XXZX2(config-vlan)#vlan 203
XXZX2(config-vlan)#vlan 110
XXZX2(config-vlan)#vlan 120
XXZX2(config-vlan)#exit
XXZX2(config)#int vlan 200
XXZX2(config-if)#ip addr 10.1.200.1 255.255.255.0
XXZX2(config-if)#int 202
XXZX2(config-if)#int vlan 202
XXZX2(config-if)#ip addr 10.1.202.1 255.255.255.0
```

```
XXZX2(config-if)#int vlan 203
XXZX2(config-if)#ip addr 10.1.203.1 255.255.255.0
XXZX2(config-if)#int vlan 110
XXZX2(config-if)#ip addr 10.1.10.2 255.255.255.0
XXZX2(config-if)#int vlan 120
XXZX2(config-if)#ip addr 10.1.20.2 255.255.255.0
XXZX2(config-if)#exit
XXZX2(config)#int f0/1
XXZX2(config-if)#switch access vlan 200
XXZX2(config-if)#int f0/2
XXZX2(config-if)#switch access vlan 202
XXZX2(config-if)#int f0/10
XXZX2(config-if)#switch access vlan 110
XXZX2(config-if)#int f0/20
XXZX2(config-if)#switch access vlan 120
XXZX2(config-if)#int f0/24
XXZX2(config-if)#switch access vlan 203
XXZX2(config-if)#exit
XXZX2(config)#ip routing
XXZX2(config)#router ospf 5
XXZX2(config-router)#router-id 10.2.0.2
XXZX2(config-router)#area 10 stub
XXZX2(config-router)#network 10.1.200.0 0.0.0.255 area 0
XXZX2(config-router)#network 10.1.202.0 0.0.0.255 area 0
XXZX2(config-router)#network 10.1.203.0 0.0.0.255 area 0
XXZX2(config-router)#network 10.1.10.0 0.0.0.255 area 10
XXZX2(config-router)#network 10.1.20.0 0.0.0.255 area 10
```

核心层交换机 **XXZX3**：

```
Switch >en
Switch #conf t
Enter configuration commands, one per line. End with CNTL/Z.
Switch(config)#hostname XXZX3
XXZX3(config)#vlan 200
XXZX3(config-vlan)#vlan 201
XXZX3(config-vlan)#vlan 130
XXZX3(config-vlan)#vlan 140
```

```
XXZX3(config-vlan)#exit
XXZX3(config)#int vlan 200
XXZX3(config-if)#ip addr 10.1.200.2 255.255.255.0
XXZX3(config-if)#int vlan 201
XXZX3(config-if)#ip addr 10.1.201.1 255.255.255.0
XXZX3(config-if)#int vlan 130
XXZX3(config-if)#ip addr 10.1.130.2 255.255.255.0
XXZX3(config-if)#int vlan 140
XXZX3(config-if)#ip addr 10.1.140.2 255.255.255.0
XXZX3(config-if)#exit
XXZX3(config)#int f0/1
XXZX3(config-if)#switch access vlan 200
XXZX3(config-if)#int f0/3
XXZX3(config-if)#switch access vlan 201
XXZX3(config-if)#int f0/10
XXZX3(config-if)#switch access vlan 130
XXZX3(config-if)#int f0/20
XXZX3(config-if)#switch access vlan 140
XXZX3(config-if)#exit
XXZX3(config)#ip routing
XXZX3(config)#router ospf 5
XXZX3(config-router)#router-id 10.2.0.3
XXZX3(config-router)#area 20 stub
XXZX3(config-router)#network 10.1.200.0 0.0.0.255 area 0
XXZX3(config-router)#network 10.1.201.0 0.0.0.255 area 0
XXZX3(config-router)#network 10.1.130.0 0.0.0.255 area 20
XXZX3(config-router)#network 10.1.140.0 0.0.0.255 area 20
```

核心层交换机 XXZX1：

```
Switch >en
Switch #conf t
Enter configuration commands, one per line. End with CNTL/Z.
Switch(config)#hostname XXZX1
XXZX1 (config)#ip routing
XXZX1(config)#vlan 202
XXZX1(config-vlan)#vlan 201
XXZX1(config-vlan)#vlan 204
```

```
XXZX1(config-vlan)#vlan 121

XXZX1(config-vlan)#vlan 122

XXZX1(config-vlan)#exit

XXZX1(config)#int vlan 202

XXZX1(config-if)#ip addr 10.1.202.2 255.255.255.0

XXZX1(config-if)#int vlan 201

XXZX1(config-if)#ip addr 10.1.201.2 255.255.255.0

XXZX1(config-if)#int vlan 204

XXZX1(config-if)#ip addr 10.1.204.1 255.255.255.0

XXZX1(config-if)#int vlan 121

XXZX1(config-if)#ip addr 10.1.21.254 255.255.255.0

XXZX1(config-if)#int vlan 122

XXZX1(config-if)#ip addr 10.1.22.254 255.255.255.0

XXZX1(config-if)#exit

XXZX1(config)#int f0/11

XXZX1(config-if)#switch access vlan 121

XXZX1(config-if)#int f0/12

XXZX1(config-if)#switch access vlan 122

XXZX1(config-if)#int f0/2

XXZX1(config-if)#switch access vlan 202

XXZX1(config-if)#int f0/3

XXZX1(config-if)#switch access vlan 201

XXZX1(config-if)#int f0/24

XXZX1(config-if)#switch access vlan 204

XXZX1(config-if)#exit

XXZX1(config)#router ospf 5

XXZX1(config-router)#rou

XXZX1(config-router)#router-id 10.2.0.4

XXZX1(config-router)#network 10.1.202.0 0.0.0.255 area 0

XXZX1(config-router)#network 10.1.201.0 0.0.0.255 area 0

XXZX1(config-router)#network 10.1.204.0 0.0.0.255 area 0

XXZX1(config-router)#redistribute connected subnets
```

汇聚层交换机 JX1：

```
Switch >en

Switch #conf t

Enter configuration commands, one per line. End with CNTL/Z.
```

```
Switch(config)#hostname JX1
JX1(config)#ip routing
JX1(config)#vlan 110
JX1(config-vlan)#vlan 101
JX1(config-vlan)#vlan 102
JX1(config-vlan)#exit
JX1(config)#int vlan 110
JX1(config-if)#ip addr 10.1.10.1 255.255.255.0
JX1(config-if)#int vlan 101
JX1(config-if)#ip addr 10.1.1.254 255.255.255.0
JX1(config-if)#int vlan 102
JX1(config-if)#ip addr 10.1.2.254 255.255.255.0
JX1(config-if)#exit
JX1(config)#int f0/23
JX1(config-if)#switch trunk encapsulation dot1q
JX1(config-if)#switch mode trunk
JX1(config-if)#int f0/24
JX1(config-if)#switch trunk encapsulation dot1q
JX1(config-if)#switch mode trunk
JX1(config-if)#int f0/10
JX1(config-if)#switch access vlan 110
JX1(config-if)#exit
JX1(config)#router ospf 5
JX1(config-router)#router-id 10.2.0.5
JX1(config-router)#area 10 stub
JX1(config-router)#network 10.1.10.0 0.0.0.255 area 10
JX1(config-router)#network 10.1.1.0 0.0.0.255 area 10
JX1(config-router)#network 10.1.2.0 0.0.0.255 area 10
```

汇聚层交换机 JX2：

```
Switch >en
Switch #conf t
Enter configuration commands, one per line. End with CNTL/Z.
Switch(config)#hostname JX2
JX2(config)#vlan 120
JX2(config-vlan)#vlan 103
JX2(config-vlan)#vlan 104
```

```
JX2(config-vlan)#exit
JX2(config)#int vlan 120
JX2(config-if)#ip addr 10.1.20.1 255.255.255.0
JX2(config-if)#int vlan 103
JX2(config-if)#ip addr 10.1.3.254 255.255.255.0
JX2(config-if)#int vlan 104
JX2(config-if)#ip addr 10.1.4.254 255.255.255.0
JX2(config-if)#exit
JX2(config)#int f0/20
JX2(config-if)#switch access vlan 120
JX2(config-if)#int range f0/23-24
JX2(config-if-range)#switch trunk encapsulation dot1q
JX2(config-if-range)#switch mode trunk
JX2(config-if-range)#exit
JX2(config)#ip routing
JX2(config)#router ospf 5
JX2(config-router)#router-id 10.2.0.6
JX2(config-router)#area 10 stub
JX2(config-router)#network 10.1.20.0 0.0.0.255 area 10
JX2(config-router)#network 10.1.3.0 0.0.0.255 area 10
JX2(config-router)#network 10.1.4.0 0.0.0.255 area 10
```

汇聚层交换机 SS：

```
Switch >en
Switch #conf t
Enter configuration commands, one per line. End with CNTL/Z.
Switch(config)#hostname SS
SS(config)#vlan 130
SS(config-vlan)#vlan 111
SS(config-vlan)#vlan 112
SS(config-vlan)#exit
SS(config)#int vlan 130
SS(config-if)#ip addr 10.1.130.1 255.255.255.0
SS(config-if)#int vlan 111
SS(config-if)#ip addr 10.1.11.254 255.255.255.0
SS(config-if)#int vlan 112
SS(config-if)#ip addr 10.1.12.254 255.255.255.0
```

```
SS(config-if)#exit
SS(config)#int f0/10
SS(config-if)#switch access vlan 130
SS(config-if)#exit
SS(config)#int range f0/23-24
SS(config-if-range)#switch trunk encap dot1q
SS(config-if-range)#switch mode trunk
SS(config-if-range)#exit
SS(config)#ip routing
SS(config)#router ospf 5
SS(config-router)#router-id 10.2.0.7
SS(config-router)#network 10.1.130.0 0.0.0.255 area 20
SS(config-router)#network 10.1.11.0 0.0.0.255 area 20
SS(config-router)#network 10.1.12.0 0.0.0.255 area 20
SS(config-router)#area 20 stub
```

汇聚层交换机 XZ：

```
Switch >en
Switch #conf t
Enter configuration commands, one per line. End with CNTL/Z.
Switch(config)#hostname XZ
XZ(config)#vlan 140
XZ(config-vlan)#vlan 113
XZ(config-vlan)#vlan 114
XZ(config-vlan)#exit
XZ(config)#int vlan 140
XZ(config-if)#ip addr 10.1.140.1 255.255.255.0
XZ(config-if)#int vlan 113
XZ(config-if)#ip addr 10.1.13.254 255.255.255.0
XZ(config-if)#int vlan 114
XZ(config-if)#ip addr 10.1.14.254 255.255.255.0
XZ(config-if)#exit
XZ(config)#int range f0/23-24
XZ(config-if-range)#switch trunk encap dot1q
XZ(config-if-range)#switch mode trunk
XZ(config-if-range)#int f0/20
XZ(config-if)#switch access vlan 140
```

```
XZ(config-if)#exit
XZ(config)#ip routing
XZ(config)#router ospf 5
XZ(config-router)#router-id 10.2.0.8
XZ(config-router)#network 10.1.140.0 0.0.0.255 area 20
XZ(config-router)#network 10.1.14.0 0.0.0.255 area 20
XZ(config-router)#network 10.1.13.0 0.0.0.255 area 20
XZ(config-router)#area 20 stub
```

接入层交换机 JX1_SW1：

```
Switch >en
Switch #conf t
Enter configuration commands, one per line. End with CNTL/Z.
Switch(config)#hostname JX1_SW1
JX1_SW1(config)#vlan 101
JX1_SW1(config)#int f0/1
JX1_SW1(config-if)#switch access vlan 101
JX1_SW1(config-if)#int f0/23
JX1_SW1(config-if)#switch mode trunk
```

其他略。

（3）经验证，主机都可相互 ping 通。如图 7-3 所示，在 PC7 上用域名访问 WWW 服务器。

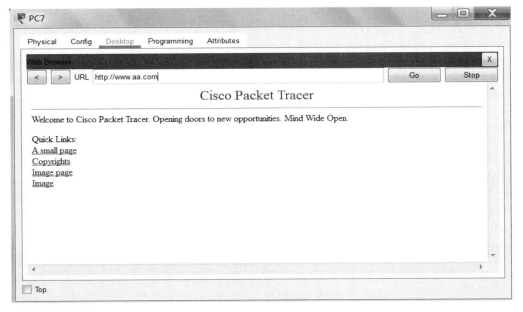

图 7-3 访问 WWW 服务器

（4）查看路由表。

核心层交换机 XXZX3 路由：

```
XXZX3#show ip route
Codes: C - connected, S - static, I - IGRP, R - RIP, M - mobile, B - BGP
D - EIGRP, EX - EIGRP external, O - OSPF, IA - OSPF inter area
N1 - OSPF NSSA external type 1, N2 - OSPF NSSA external type 2
E1 - OSPF external type 1, E2 - OSPF external type 2, E - EGP
i - IS-IS, L1 - IS-IS level-1, L2 - IS-IS level-2, ia - IS-IS inter area
* - candidate default, U - per-user static route, o - ODR
P - periodic downloaded static route
Gateway of last resort is not set
10.0.0.0/24 is subnetted, 19 subnets
O IA 10.1.1.0 [110/3] via 10.1.200.1, 00:40:59, VLAN200
O IA 10.1.2.0 [110/3] via 10.1.200.1, 00:40:59, VLAN200
O IA 10.1.3.0 [110/3] via 10.1.200.1, 00:40:59, VLAN200
O IA 10.1.4.0 [110/3] via 10.1.200.1, 00:40:59, VLAN200
O IA 10.1.10.0 [110/2] via 10.1.200.1, 00:40:59, VLAN200
O 10.1.11.0 [110/2] via 10.1.130.1, 02:24:50, VLAN130
O 10.1.12.0 [110/2] via 10.1.130.1, 02:24:50, VLAN130
O 10.1.13.0 [110/2] via 10.1.140.1, 02:24:50, VLAN140
O 10.1.14.0 [110/2] via 10.1.140.1, 02:24:50, VLAN140
O IA 10.1.20.0 [110/2] via 10.1.200.1, 00:40:59, VLAN200
O E2 10.1.21.0 [110/20] via 10.1.201.2, 00:40:59, VLAN201
O E2 10.1.22.0 [110/20] via 10.1.201.2, 00:40:59, VLAN201
C 10.1.130.0 is directly connected, VLAN130
C 10.1.140.0 is directly connected, VLAN140
C 10.1.200.0 is directly connected, VLAN200
C 10.1.201.0 is directly connected, VLAN201
O 10.1.202.0 [110/2] via 10.1.200.1, 00:40:59, VLAN200
[110/2] via 10.1.201.2, 00:40:59, VLAN201
O 10.1.203.0 [110/2] via 10.1.200.1, 00:40:59, VLAN200
O 10.1.204.0 [110/2] via 10.1.201.2, 00:40:59, VLAN201
```

汇聚层交换机 SS 的路由：

```
SS#show ip route
Codes: C - connected, S - static, I - IGRP, R - RIP, M - mobile, B - BGP
D - EIGRP, EX - EIGRP external, O - OSPF, IA - OSPF inter area
```

```
N1 - OSPF NSSA external type 1, N2 - OSPF NSSA external type 2
E1 - OSPF external type 1, E2 - OSPF external type 2, E - EGP
i - IS-IS, L1 - IS-IS level-1, L2 - IS-IS level-2, ia - IS-IS inter area
* - candidate default, U - per-user static route, o - ODR
P - periodic downloaded static route
Gateway of last resort is 10.1.130.2 to network 0.0.0.0
10.0.0.0/24 is subnetted, 17 subnets
O IA 10.1.1.0 [110/4] via 10.1.130.2, 04:56:21, VLAN130
O IA 10.1.2.0 [110/4] via 10.1.130.2, 04:56:21, VLAN130
O IA 10.1.3.0 [110/4] via 10.1.130.2, 04:56:21, VLAN130
O IA 10.1.4.0 [110/4] via 10.1.130.2, 04:56:21, VLAN130
O IA 10.1.10.0 [110/3] via 10.1.130.2, 04:56:21, VLAN130
C 10.1.11.0 is directly connected, VLAN111
C 10.1.12.0 is directly connected, VLAN112
O 10.1.13.0 [110/3] via 10.1.130.2, 04:56:21, VLAN130
O 10.1.14.0 [110/3] via 10.1.130.2, 04:56:21, VLAN130
O IA 10.1.20.0 [110/3] via 10.1.130.2, 04:56:21, VLAN130
C 10.1.130.0 is directly connected, VLAN130
O 10.1.140.0 [110/2] via 10.1.130.2, 04:56:21, VLAN130
O IA 10.1.200.0 [110/2] via 10.1.130.2, 04:56:21, VLAN130
O IA 10.1.201.0 [110/2] via 10.1.130.2, 04:56:21, VLAN130
O IA 10.1.202.0 [110/3] via 10.1.130.2, 04:56:21, VLAN130
O IA 10.1.203.0 [110/3] via 10.1.130.2, 04:56:21, VLAN130
O IA 10.1.204.0 [110/3] via 10.1.130.2, 04:56:21, VLAN130
O*IA 0.0.0.0/0 [110/2] via 10.1.130.2, 04:56:21, VLAN130
```
//由于设置了末节区域 stub，这里产生了通往区域边界路由器的默认路由